기술이 희망이고 미래입니다!

건축도장
기능사 실기

성기돈 편저

일진사

머리말

　현대 건축물의 아름다움을 표현할 수 있는 방법 중의 하나인 도장 작업은 숙련된 기술자가 턱없이 부족한 실정이다. 이러다보니 해마다 건축도장기능사 자격시험에 응시하는 사람의 수가 현격하게 늘어 성인 50세 이상의 자격증 취득 종목 중 5위에 건축도장기능사가 속해 있다고 한다.
　실제 산업현장에는 도장기술자의 부족 현상이 심화되어 70~80세 고령의 도장기술자도 높은 임금을 받고 일하고 있다. 지금과 같은 추세가 계속될 때 건축도장기능사 자격증의 미래 전망은 매우 밝다고 할 수 있다. 그러나 그동안 건축도장기능사 자격시험에 대비해 수험생들이 실기시험 준비를 할 수 있는 교재가 없어 불편을 겪고 있었다. 이에 필자는 강단에서 나름대로 만든 교안을 프린팅하여 실기 교육을 진행해오다가 출판사의 권유와 수험생들의 애로를 해결해 보려는 의도로 실기시험 책자를 만들게 되었다.
　건축도장기능사 실기시험은 매년 4회씩 실시되는데, 수많은 수험생들의 궁금증이나 놓치기 쉬운 문제점들을 수록하고 기본지식을 알려줌으로써 쉽게 자격증 취득을 할 수 있게 본 교재를 집필하였다.

　특히 최근 새로이 바뀐 실기시험기준에 맞추어 다음과 같은 내용으로 구성하였다.

　첫째, 지급된 재료의 사용 방법, 시험장에서의 요구사항 등 자격시험 요령을 간략하게 설명하였다.
　둘째, 건축도장기능사가 반드시 알아야 할 기본지식을 일목요연하게 정리하였다.
　셋째, 건축도장기능사 실전 문제와 동일한 체제로 문제를 구성하여 줌으로써 쉽게 익힐 수 있도록 컬러로 편집하였다.
　넷째, 부록으로 글씨 연습을 해볼 수 있도록 안상수체 도안 연습지를 실어주었다.

　아무쪼록 이 책이 수험생 여러분의 합격에 많은 도움이 되길 바라며, 보잘것없는 원고를 출판해 주신 도서출판 **일진사** 편집부 직원에게 감사드린다.

저자 씀

출제기준(실기)

건축도장기능사

직무분야	건 설	중직무분야	건 축	자격종목	건축도장기능사	적용기간	2023. 1. 1. ~ 2026. 12. 31.

○ 직무내용 : 붓, 롤러, 브러시, 스프레이 등의 도장기기와 설비를 사용하여 도료 및 유사재료를 건축물 외부 및 내부표면과 장식물을 칠함으로써 건축물과 장식물을 보호 또는 장식하는 등의 직무이다.
○ 수행준거 : 1. 도면을 보고 재료를 산출하고 시방서에 따라 재료를 선정할 수 있다.
          2. 위험물 취급방법에 따라 도료의 안전한 취급과 도장안전 수칙을 수행할 수 있다.
          3. 도료를 용도에 맞게 희석하고 도장할 수 있다.

실기 검정방법	작업형	시험시간	6시간 정도

실기 과목명	주요항목	세부항목	세세항목
건축도장 작업	1. 건축도장시공 도면 파악	1. 도면 기본지식 파악하기	1. 건축도장시공 도면의 기능과 용도를 파악할 수 있다. 2. 건축도장시공 도면에서 지시하는 내용을 파악할 수 있다. 3. 건축도장시공 도면에 표기된 각종 기호의 의미를 파악할 수 있다.
		2. 기본도면 파악하기	1. 건축도장시공 도면을 보고 구조물의 배치도, 평면도, 입면도, 단면도, 상세도를 구분할 수 있다. 2. 건축도장시공 도면을 보고 재료의 종류를 구분하고 가공위치 및 가공방법을 파악할 수 있다. 3. 건축도장시공 도면을 보고 재료의 종류별로 시공해야 할 부분을 파악할 수 있다.
		3. 현황 파악하기	1. 건축도장시공 도면을 보고 현장의 위치를 파악할 수 있다. 2. 건축도장시공 도면을 보고 현장의 형태를 파악할 수 있다. 3. 건축도장시공 도면을 보고 구조물의 배치를 파악할 수 있다. 4. 건축도장시공 도면을 보고 구조물의 형상을 파악할 수 있다.

실기 과목명	주요항목	세부항목	세세항목
	2. 건축도장시공 현장안전	1. 안전보호구 착용하기	1. 현장안전수칙에 따라 안전보호구를 올바르게 사용할 수 있다. 2. 현장 여건과 신체조건에 맞는 보호구를 선택 착용할 수 있다. 3. 건축도장시공 현장안전을 위하여 안전에 부합하는 작업도구와 장비를 휴대할 수 있다. 4. 건축도장시공 현장안전을 위하여 작업안전 보호구의 종류별 특징을 파악할 수 있다. 5. 건축도장시공 현장안전을 위하여 안전 시설물들을 파악할 수 있다.
		2. 안전시설물 설치하기	1. 산업안전보건법에서 정한 시설물설치기준을 준수하여 안전시설물을 설치할 수 있다. 2. 안전보호구를 유용하게 사용할 수 있는 필요장치를 설치할 수 있다. 3. 건축도장시공 현장안전을 위하여 안전시설물의 종류별 설치위치, 설치기준을 파악할 수 있다. 4. 건축도장시공 현장안전을 위하여 안전시설물 설치계획도를 숙지할 수 있다. 5. 건축도장시공 현장안전을 위하여 구조물 시공계획서를 숙지할 수 있다. 6. 건축도장시공 현장안전을 위하여 시설물 안전점검 체크리스트를 작성할 수 있다.
		3. 불안전시설물 개선하기	1. 건축도장시공 현장안전을 위하여 기 설치된 시설을 정기 점검을 통해 개선할 수 있다. 2. 측정장비를 사용하여 안전시설물이 제대로 유지되고 있는지를 확인하고 유지되고 있지 않을 시 교체할 수 있다. 3. 건축도장시공 현장안전을 위하여 불안전한 시설물을 조기 발견 및 조치할 수 있다. 4. 건축도장시공 현장안전을 위하여 불안전한 행동을 줄일 수 있는 방법을 강구할 수 있다. 5. 건축도장시공 현장안전을 위하여 안전관리 요원의 교육을 실시할 수 있다.

실기 과목명	주요항목	세부항목	세세항목
	3. 도포면 바탕 처리	1. 콘크리트 바탕 처리하기	1. 콘크리트 바탕을 솔을 사용하여 청소할 수 있다. 2. 바탕면의 들뜸 여부를 확인할 수 있다. 3. 바탕면에 묻어 있는 오염물을 제거할 수 있다. 4. 바탕면의 균열, 홈 등을 보수한 후 퍼티로 면을 정리할 수 있다. 5. 건조된 퍼티의 자국을 일직선, 또는 타원형 방향으로 연마하여 평활하게 처리할 수 있다. 6. 연마된 면을 솔을 사용하여 청소할 수 있다.
		2. 목재 바탕 처리하기	1. 목재의 건조 상태를 확인하여 평활하게 연마할 수 있다. 2. 목재 바탕면의 오염물을 마른 천 등을 사용하여 제거할 수 있다. 3. 목재 바탕면의 균열, 홈 등을 퍼티로 메울 수 있다. 4. 퍼티작업 후 요철부를 연마지를 사용하여 평활하게 처리할 수 있다.
		3. 철재 바탕 처리하기	1. 철재 바탕면의 오염물을 마른 천 등을 사용하여 제거할 수 있다. 2. 철재 바탕면의 녹을 쇠주걱, 스크레이퍼, 와이어 브러시, 연마지, 휴대용 샌더 등을 사용하여 제거할 수 있다. 3. 경미한 홈집 등을 퍼티로 메우고 연마할 수 있다.
		4. 석고보드 바탕 처리하기	1. 석고보드의 이음새 위에 화이버 테이프의 중심선이 오도록 부착할 수 있다. 2. 시방서의 기준에 따라 퍼티와 물을 배합할 수 있다. 3. 퍼티를 이음새에 부착한 테이프 위로 도포하여 이음새를 메울 수 있다. 4. 연마지를 사용하여 일직선, 또는 타원형 방향으로 도장면을 평활하게 처리할 수 있다. 5. 바탕면을 솔이나 천 등을 사용하여 청소할 수 있다.

실기 과목명	주요항목	세부항목	세세항목
		5. 바탕면 확인하기	1. 육안과 촉감으로 바탕면이 평활한지 여부를 확인할 수 있다. 2. 육안과 촉감으로 바탕면의 외관상 들뜸과 균열을 확인할 수 있다. 3. 육안과 촉감으로 바탕면의 외관상 오염된 상태를 확인할 수 있다.
	4. 콘크리트면 수성페인트 도장	1. 초벌칠하기	1. 수성페인트를 도장기구로 칠할 수 있다. 2. 초벌 도장면을 보양하여 시방서 기준에 따라 건조시킬 수 있다. 3. 수성페인트의 배합비를 확인할 수 있다.
		2. 퍼티 작업하기	1. 도장면의 갈라짐, 틈, 구멍 등을 주걱을 사용하여 수성 퍼티로 메울 수 있다. 2. 경화 건조된 퍼티의 요철 부분을 연마지를 사용하여 평활하게 만들 수 있다. 3. 도장면을 솔 또는 마른 천 등을 사용하여 청소할 수 있다.
		3. 재벌칠하기	1. 시방서 기준에 따라 수성페인트의 배합비를 확인할 수 있다. 2. 설계도면에 따른 수성페인트의 색상을 확인할 수 있다. 3. 도장기구를 사용하여 수성페인트를 재벌칠할 수 있다. 4. 재벌 도장면을 보양하여 시방서 기준에 따라 건조시킬 수 있다.
	5. 목부 유성페인트 도장	1. 초벌칠하기	1. 목재용 유성도료를 시방서의 기준에 따라 희석할 수 있다. 2. 희석된 유성도료를 도장기구를 사용하여 칠할 수 있다. 3. 초벌칠한 면을 시방서 기준에 따라 건조시킬 수 있다.
		2. 퍼티 작업하기	1. 도장면의 갈라짐, 틈, 구멍 등을 합성수지 퍼티로 메울 수 있다. 2. 경화 건조된 도장면 전체를 연마지를 사용하여 평활하게 연마할 수 있다. 3. 도장면을 솔 또는 마른 천 등을 사용하여 청소할 수 있다.

실기 과목명	주요항목	세부항목	세세항목
		3. 재벌칠하기	1. 목재용 유성도료를 시방서의 기준에 따라 희석할 수 있다. 2. 희석된 유성도료를 도장기구를 사용하여 재벌칠할 수 있다. 3. 재벌칠한 도장면을 시방서 기준에 따라 건조시킬 수 있다.
		4. 정벌칠하기	1. 목재용 유성도료를 시방서의 기준에 따라 희석할 수 있다. 2. 희석된 유성도료를 도장기구를 사용하여 정벌칠할 수 있다. 3. 유성도료를 색채 계획서대로 만들어 칠할 수 있다.
	6. 목부 래커 도장	1. 초벌칠하기	1. 작업 전 바탕처리 확인 및 조치할 수 있다. 2. 투명래커, 래커에나멜을 시방서의 기준에 따라 희석할 수 있다. 3. 희석된 래커도료를 도장기구를 사용하여 초벌칠할 수 있다. 4. 초벌칠한 도장면을 시방서 기준에 따라 건조시킬 수 있다.
		2. 퍼티 작업하기	1. 도장면의 갈라짐, 틈, 구멍 등을 합성수지 퍼티로 메울 수 있다. 2. 경화 건조된 도장면 전체를 연마지를 사용하여 평활하게 연마할 수 있다. 3. 목재의 미세한 결에 따라 면을 보수할 수 있다.
		3. 재벌칠하기	1. 투명 래커, 래커에나멜을 시방서의 기준에 따라 희석할 수 있다. 2. 희석된 래커도료를 도장기구를 사용하여 재벌칠할 수 있다. 3. 정벌칠한 도장면을 시방서 기준에 따라 건조시킬 수 있다.
		4. 연마하기	1. 시방서 기준에 따라 목재의 거친 정도를 파악하여 연마지를 선택할 수 있다. 2. 연마지를 사용하여 목재의 특성과 미세한 결에 따라 바탕면을 연마할 수 있다. 3. 도장 작업을 위해 바탕면을 솔과 마른 천으로 청소할 수 있다.

실기 과목명	주요항목	세부항목	세세항목
		5. 정벌칠하기	1. 투명 래커, 래커에나멜을 시방서의 기준에 따라 희석할 수 있다. 2. 희석된 래커도료를 도장기구를 사용하여 정벌칠할 수 있다. 3. 정벌칠한 도장면을 시방서 기준에 따라 건조시킬 수 있다. 4. 래커도료를 색채 계획서대로 조합하여 칠할 수 있다.
	7. 철부 유성페인트 도장	1. 녹막이 칠하기	1. 유성 녹막이용 도료를 시방서의 기준에 따라 희석할 수 있다. 2. 희석된 유성 녹막이용 도료를 도장기구를 사용하여 초벌칠 할 수 있다. 3. 초벌칠한 도장면을 시방서 기준에 따라 건조시킬 수 있다.
		2. 퍼티 작업하기	1. 도장면의 갈라짐, 틈, 홈 등을 유성퍼티로 메울 수 있다. 2. 퍼티 메우기 한 도장 면을 시방서 기준에 따라 건조시킬 수 있다. 3. 도장면에 칠의 거품, 흐름, 모임, 오염 등을 연마지를 사용하여 제거할 수 있다. 4. 도장면을 연마지를 사용하여 평활하게 만들 수 있다.
		3. 재벌칠하기	1. 유성페인트를 시방서의 기준에 따라 희석할 수 있다. 2. 희석된 유성페인트로 도장기구를 사용하여 재벌칠할 수 있다. 3. 재벌칠한 도장면을 시방서 기준에 따라 건조시킬 수 있다.
		4. 정벌칠하기	1. 유성페인트를 시방서의 기준에 따라 희석할 수 있다. 2. 도장면에 조색된 유성페인트를 도장기구를 사용하여 매끈하고 균질하게 칠할 수 있다. 3. 조색된 유성페인트를 도장기구를 사용하여 정벌칠할 수 있다.

실기 과목명	주요항목	세부항목	세세항목
	8. 철부 래커 에나멜페인트 도장	1. 녹막이 칠하기	1. 래커 녹막이 도료를 시방서의 기준에 따라 희석할 수 있다. 2. 희석된 래커 녹막이 도료를 도장기구를 사용하여 초벌칠할 수 있다. 3. 초벌칠한 도장면을 시방서 기준에 따라 건조시킬 수 있다.
		2. 퍼티 작업하기	1. 래커퍼티로 틈, 홈 등을 주걱으로 메울 수 있다. 2. 연마지를 사용하여 평활하게 만들 수 있다. 3. 철재면 녹은 와이어 브러시나 연마지로 제거할 수 있다.
		3. 재벌칠하기	1. 래커 녹막이 도료를 시방서의 기준에 따라 희석할 수 있다. 2. 희석된 래커도료를 도장기구를 사용하여 재벌칠할 수 있다. 3. 재벌칠한 도장면을 시방서 기준에 따라 건조시킬 수 있다.
		4. 연마하기	1. 시방서 기준에 따라 철재의 거친 정도를 파악하여 연마지를 선택할 수 있다. 2. 연마지를 사용하여 철재의 특성에 따라 바탕면을 연마할 수 있다. 3. 도장 작업을 위해 바탕면을 솔과 마른 천으로 청소할 수 있다.
		5. 정벌칠하기	1. 래커 녹막이 도료를 시방서의 기준에 따라 희석할 수 있다. 2. 조색된 래커 에나멜을 도장기구를 사용하여 정벌칠할 수 있다. 3. 도장은 시방서 기준에 따라 정벌칠할 수 있다.
	9. 석고보드면 도장	1. 초벌칠하기	1. 석고보드 이음부에 이음테이프를 붙일 수 있다. 2. 수성페인트를 도장기구로 칠할 수 있다. 3. 초벌도장면을 시방서 기준에 따라 건조시킬 수 있다.

실기 과목명	주요항목	세부항목	세세항목
		2. 퍼티 작업하기	1. 도장면의 갈라짐, 틈, 홈 등을 주걱을 사용하여 퍼티로 메울 수 있다. 2. 석고보드 이음 부위에 연마지를 사용하여 평활하게 처리할 수 있다. 3. 경화 건조된 퍼티의 요철 부분을 연마지를 사용하여 평활하게 만들 수 있다. 4. 도장면을 솔 또는 마른 천 등을 사용하여 청소할 수 있다.
		3. 재벌칠하기	1. 시방서 기준에 따라 수성페인트의 배합비를 확인할 수 있다. 2. 수성페인트를 도장기구를 사용하여 재벌칠 할 수 있다. 3. 재벌 도장면을 시방서 기준에 따라 건조시킬 수 있다.
	10. 건축도장 시공 보수	1. 흘림 곰 얼룩 보수하기	1. 보수용 도구를 사용하여 보수면을 긁어낼 수 있다. 2 연마지를 사용하여 보수면을 평활하게 만들 수 있다. 3 보수면을 도료와 도장기구를 사용하여 재도장할 수 있다.
		2. 색상 광택 보수하기	1. 육안으로 검사하여 색상 및 광택의 결함을 파악할 수 있다. 2. 연마지를 사용하여 보수면을 평활하게 만들 수 있다. 3. 보수면을 도료와 도장기구를 사용하여 재도장할 수 있다.
		3. 부풀어오름 보수하기	1. 육안으로 부풀어오름을 검사할 수 있다. 2. 보수 기구를 사용하여 보수면을 갈아낼 수 있다. 3. 보수면을 도료와 도장기구를 사용하여 재도장할 수 있다.

건축도장기능사 자격 정보

1. 개요

건설공사의 급격한 증가로 인해 도장 작업이 필요한 물체의 종류가 금속, 목재 및 콘크리트 등 다양해졌으며, 그 피도물의 상태에 따라 그에 알맞은 도료 및 도장 방법을 사용해야만 하는 상황으로서 이와 같이 복잡한 피도물의 상태에 따라 적합한 도료를 선택하여 도장 작업을 수행함으로써 건축물의 미관과 작업공정의 효율성을 추구하기 위하여 건축 재료와 도장 작업에 관한 지식과 기능을 겸비하고 있는 숙련 기능공 양성이 필요해지고 있다.

2. 수행 직무

건축도장기능사의 작업 특성상 일정한 회사의 상용직으로 고용되지 않고 전문건설업체나 하도급자의 의뢰에 따라서 작업을 수행하는 업무를 담당한다.

3. 시험 실시 기관 및 홈페이지

한국산업인력공단, http://www.q-net.or.kr

4. 진로 및 전망

1. 자격 취득에 따른 기능 향상을 가져올 수 있으며, 실제 건설현장에서 기능을 습득하여 도장공으로 취업할 수 있다.
2. 작업 특성상 일정한 회사의 상용직으로 고용되지 않고 전문건설업체나 하도급자 의뢰에 따라 작업을 수행하게 된다.
3. 건물 내외장재로 패널 등의 사용으로 인한 감소요인이 있으나 전반적인 주택경기의 회복과 현재 활동하고 있는 도장공의 연령이 높고 젊은이들의 직업으로의 진입을 꺼리고 있는 실성이어서 노상공에 대한 인력 수요는 서서히 승가할 선망이다.
4. 50대 이상 남성의 자격증 취득률이 톱5에 들어가는 자격증으로서 매년 자격증 시험

응시율이 증가하고 있다. 여성들에게도 인기가 있어 해마다 응시자가 증가하고 있으며, 건축현장에 도장기술자 부족 현상으로 인해 고령의 도장기술자도 높은 임금을 받고 있는 실정이다.

5 자격 취득 방법

1. 시행처 : 한국산업인력공단
2. 시험과목 : 실기
   - 과제 1 : 목재(합판) 합성에멀션(수성) 페인트 상도 작업(2회 도장)
   - 과제 2 : 목재(각목) 유성래커 페인트 상도 작업(2회 도장)
   - 과제 3 : 목재(합판) 합성에멀션(수성) 페인트 글씨 상도 작업
   - 과제 4 : 목재(합판) 유성에나멜페인트 도형 상도 작업
   - 과제 5 : 목재(합판) 합성에멀션(수성) 페인트 그라데이션 상도 작업
3. 검정 방법
   - 실기 : 작업형 (6시간 정도)
4. 합격 기준 : 100점 만점에 60점 이상

6 출제 경향

1. 요구 작업 내용

   지급된 재료를 사용해 요구하는 작품을 7시간 이내에 실습 작품을 완성하여 제출하는 방법으로서 최종 작품만 가지고 채점을 하지 않고 시험 과정 중에 도장 중간 과정 작업도 체크하여 수시로 채점하는 방식으로 진행된다.

2. 주요 평가 내용
   - 수성 하도 도장 작업(핸디코트)의 평탄성, 연마
   - 수성 중도 작업 : 수성 바인더 중도 도장 작업
   - 합성에멀션(수성) 페인트 상도 도장 작업
   - 각목 부분 래커 서페이서 중도 작업 및 유성래커 페인트 상도 도장 작업
   - 합성수지에멀션(수성) 페인트 그라데이션 상도 도장 작업
   - 합성수지에멀션(수성) 페인트 글씨 도안 상도 도장 작업
   - 유성에나멜페인트 도형 상도 도장 작업

8 건축도장기능사 실기시험에 필요한 공구

건축도장기능사 자격 정보 15

차 례

건축도장기능사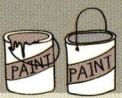

Chapter 1 건축도장에 필요한 핵심 이론

1. 도장 공정에 따른 하도, 중도, 상도 도장 …………………………………… 20
2. 조색 …………………………………………………………………………… 21
3. 도장 결함 ……………………………………………………………………… 30

Chapter 2 건축도장기능사 실기 시험

1. 요구사항 ……………………………………………………………………… 40
2. 시험 중 유의사항 ……………………………………………………………… 42
3. 도면 …………………………………………………………………………… 44
4. 지급재료 목록 ………………………………………………………………… 45

Chapter 3 건축도장기능사 실기 실습

1. 【과제1】 작업판 연마 작업 ………………………………………………… 48
2. 【과제1】 1차 선긋기 작업 후 마스킹테이프 부착 ………………………… 51
3. 【과제1】 퍼티 작업 …………………………………………………………… 54
4. 【과제1】 수성 바인더 작업 …………………………………………………… 59
5. 【과제1】 합성수지 에멀션(수성)페인트 작업 ……………………………… 64
6. 【과제5】 그라데이션 도색 작업 ……………………………………………… 72
7. 【과제3】 문자도안 작업 요령 ………………………………………………… 77
8. 【과제3】 문자도안 작업 ……………………………………………………… 86
9. 【과제4】 에나멜페인트 흑색 도장 작업 …………………………………… 89
10. 【과제2】 각목 유성 래커도장 작업 ………………………………………… 100

부록

1. 먼셀의 20색상환 실습지 …………………………………………………… 114
2. 문자도안 연습지 ……………………………………………………………… 116

동영상 목록

건축도장기능사

- 작업판 연마작업 ··· 48
- 1차 선긋기 작업 후 마스킹테이프 부착 ················ 51
- 퍼티 작업 ··· 54
- 2차 선긋기 및 퍼티 연마 ····································· 56
- 3차 선긋기 및 수성 바인더 작업 ························· 59
- 합성수지 에멀션 페인트(수성) 및 래커페인트(유성)의 조색 ···· 64
- 상도 1회 작업 (수성 및 유성 래커페인트) ········· 65, 102
- 상도 2회 작업 (수성 및 유성 래커페인트) ········· 70, 105
- 그라데이션 도색 작업 ·· 72
- 문자도안 (서울) ··· 80
- 문자도안 (인천) ··· 81
- 문자도안 (울산) ··· 82
- 문자도안 (광주) ··· 83
- 문자도안 (충남) ··· 84
- 문자도안 (강원) ··· 85
- 도형 그리기(1형) ·· 91
- 도형 그리기(4형) ·· 94
- 도형 그리기(2형) ·· 96
- 도형 그리기(3형) ·· 98
- 유성 래커 서페이서 작업 ···································· 100

Chapter 1

건축도장에 필요한 핵심 이론

건축도장에 필요한 핵심 이론

1 도장 공정에 따른 하도, 중도, 상도 도장

(1) 하도 도장

철판의 부식을 막고, 목재 등의 균일하지 못한 약간의 굴곡이 있을 경우를 대비하여 고르기 작업을 하거나 최종 상도 도장이 잘 되게 하기 위하여 칠하는 행위로서 목재의 경우에는 핸디코트를 사용하여 퍼티 작업을 수행하며 페인트가 목재로 흡수되는 현상을 막아주고 목재면의 요철이나 크랙 간 부분을 메꿈 작업을 행함으로써 상도 페인트 작업을 완성할 수 있도록 하며, 철재의 경우에는 녹 방지용 광명단을 사용해 철판의 부식을 방지할 목적으로 도장하는 것을 하도 도장이라고 한다. 본 건축도장기능사 실기시험에는 주로 목재 부분의 수성과 유성 작업이므로 주로 하도 작업에는 주로 핸디코트가 사용된다.

(2) 중도 도장

중도란 하도와 상도의 사이에서 상도가 잘 칠해지도록 하는 행위로서 목재의 수성페인트의 경우에는 수성 바인더를 사용하며 유성 래커페인트 도장 작업에는 래커 서페이서가 중도용으로 사용되고 있다.

(3) 상도 도장

상도란 우리가 볼 수 있는 최종 도장을 하는 것을 말하며, 최종적으로 미관을 아름답게 하기 위해 적절한 페인트를 사용하여 최종적으로 도장하는 것을 상도 도장이라고 한다.
본 건축도장기능사 시험에서는 제1과제(하도 및 중도 작업이 완료된 목재면에 지정색 조색 후 상도 도장 작업), 제3과제(지정색 조색 후 문자 상도 도장 작업) 및 제5과제(지정색 그라데이션 상도 도장 작업)를 목재면에 수성용 페인트로서 합성에멀션페인트를 사용한 상도 도장 작업과 시험작업판의 각목 부분에 유성 래커페인트를 이용한 제2과제(지정색 조색 후 상도 도장)가 시행되고 있으며, 제4과제(목재 부분 수성 상도 작업 완료 후 유성 흑색 에나멜페인트를 사용한 도형 상도 작업)가 시행되고 있다.

2 조색

조색 방법에는 육안 조색, 계량 조색, 컴퓨터 조색 등이 있는데 건축도장기능사 실기 시험에서는 개인의 조색 작업 능력을 테스트하는 시험으로 주로 육안 조색을 한다. 원색을 배합하여 견본색을 만드는 형태로 이루어지며 특수색을 제외하고는 적, 황, 청, 백, 흑색 등의 원색만을 가지고 여러 가지 다양한 색상을 만들어 내는 것이 조색이다.

2-1 수성페인트 배합비 및 색상 확인

(1) 먼셀의 20색상환

미국의 Albert Henry Munsell은 빛깔은 삼속성(三屬性)으로 나타낼 수 있다고 말하고, 우선 그 용어를 색상, 명도, 채도라고 하였다.

① 색상

색상의 분할을 빨강(R), 노랑(Y), 녹색(G), 청색(B), 보라(P)의 기본 5색상과 그것에 대한 보색을 첨가한 10색상환을 원주상에 등배열하였다. 원색 상호간에 YR(黃赤 주황), GY(黃綠 연두), BG(靑綠 청록), PB(靑紫 남색), RP(赤紫 자주)의 5색상을 끼워 넣어 합계 10종을 대표 색상으로 하였다. 10진법에 의한 색상환은 20, 40, 50, 100색상으로 분할할 수 있으나 일반적으로 20색상환이 많이 사용되고 있다.

② 명도

명도 V는 무채색에 의하여 이상의 백을 10, 이상의 흑을 0으로 하여 11 분할하였는데, 이상의 백과 흑은 보통 색료로 표현할 수 없기 때문에 색표에는 백을 9, 흑은 1로 하여 9단계로 설정하고 있다. 명도(明度, 문화어: 검 밝기)는 색상, 채도와 함께 색의 주요한 3속성 가운데 하나이다. 흔히 명도가 낮으면 '어둡다'라고 표현하며, 높으면 '밝다'라고 표현한다. 이를테면, '어두운 회색', '밝은 회색'과 같이 쓰인다. HSV 색 공간에서는 명도를 0~100 사이의 값을 갖는 명도 값 B로 표현한다. 명도 0은 가장 어두운 상태이므로 오직 검정만을 의미한다.

③ 채도

채도는 어떠한 색상도 그 빛깔과 같은 명도의 무채색에서의 거리로 표시되도록 하였다. 따라서 이 방식에서는 높이는 명도를, 방위는 색상을, 그리고 중심에서의 거리는 채도를 표시하게 된다. 무채색의 경우에는 H 및 C가 0이므로 N5, N8처럼 하든지 HV/C의 기호 형에 의하여 5/, 8/과 같이 표시하여도 좋다(N은 neutral gray의 머리문자이다).

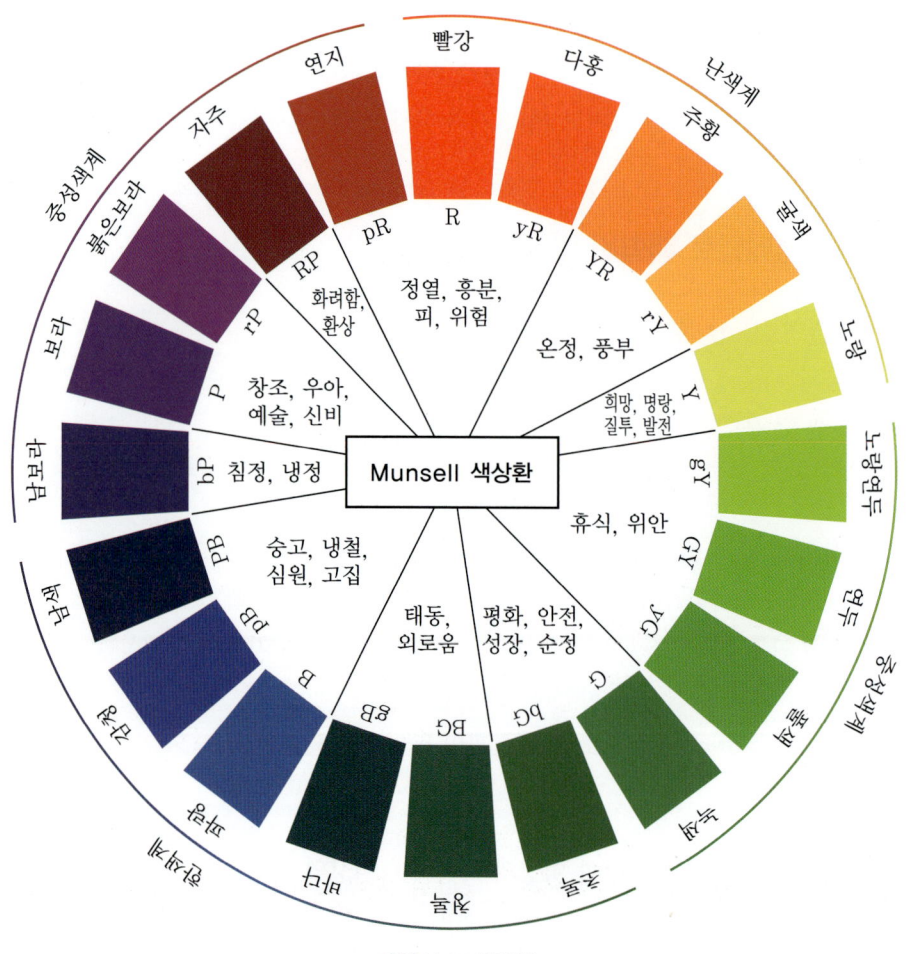

먼셀의 20색상환

(2) 먼셀 기호의 표시법

먼셀 표기법은 HV/C의 순으로 5Y8/10은 색상(H) 5Y, 명도(V) 8, 채도 10을 의미한다. 태극의 선명한 빨강 빛깔은 H가 5R, V가 5, C를 14로 가정하면 5R5/14(5R의 5의 14라 부른다)로 적는다.

밸런스 포인트와 심리적 효과

먼셀 표색계			감정 효과
색상(H)	명도(V)	채도(C)	
R		>5	매우 자극적인, 매우 따뜻한 느낌
YR		>5	자극적, 따뜻한 느낌
Y		>5	다소 자극적, 다소 따뜻한 느낌
GY		>5	다소 안정, 차거나 따뜻하게 느끼지 않음
G		>5	안정, 다소 찬 느낌
BG		>5	매우 안정, 매우 찬 느낌
B		>5	자극 없음, 찬 느낌
PB		5>	자극 없음, 찬 느낌
P		5>	다소 자극적, 차거나 따뜻하게 느끼지 않음
RP		임의	자극적, 다소 따뜻한 느낌
임의	>6.5	임의	명랑
임의	<3.5	<5	침울
임의		<3	자극 없음, 차거나 따뜻하게 느끼지 않음

조화. 부조화의 범위

조화의 범위	먼셀의 색상 기미의 변화	먼셀의 명도 기미의 변화	먼셀의 채도 기미의 변화
동일 조화	0~1JND	0~1JND	0~1JND
제1부조화	1JND~7	1JND~0.5	1JND~3
유사 조화	7~12	0.5~1.5	3~5
제2부조화	12~28	1.5~2.5	5~7
대비 조화	28~50	2.5~10	7~9

☆ JND(Just Noticeable Difference) : 지각적으로 보이는 최소의 차, 즉 식별역(識別域)을 나타낸다.

(3) 색상 조색(color matching)의 기본원리

① 상호 보색인 색을 배합하면 탁색(회색)이 된다.
② 도료를 혼합하면 명도, 채도가 다 같이 낮아지며 혼합하는 색의 종류가 많을수록 검정에 가까워진다.
③ 유사 색(근접 색)을 혼합하면 채도가 낮아진다.
④ 청색과 황색을 혼합하면 녹색이 된다.
⑤ 양이 많은 원색을 먼저 조합하고 짙은 색으로 명도와 채도를 조절한다.
⑥ 밝은 색을 먼저 조합하고 짙은 색으로 명도와 채도를 조절한다.
⑦ 색을 조합할 때 원색의 양을 계량하면서 조합한다.
⑧ 원색과 원색의 색상과 채도는 같은 계열을 사용하고 그 위에 보색성이 좋은 것을 사용한다.
⑨ 상호 보색을 혼합하면 탁색이 된다. 보색이란 20색상환에서 서로 마주보는 색을 말한다.
⑩ 도료를 혼합할수록 명도, 채도가 낮아지며, 혼합하는 색상이 많아지면 흑색(검은 색)이 된다.

(4) 조색 시 주의해야 할 점

① 직사광선이 없는 그늘이나 북쪽창의 밝은 곳이 좋다.
② 형광등이나 전등불 밑에서는 전혀 다른 색이 나오므로 야간에는 색을 내지 않는 편이 좋다.
③ 좁은 깡통 속에서 보는 색보다 넓은 면을 페인팅한 색을 보면 동일계의 색이라도 엷은 감을 준다.
④ 조색을 할 때 견본색의 동일 위치에 놓고 45° 또는 90°로 적당한 거리(500mm 정도)에서 자연스럽게 짧은 시간에 비교하는 편이 좋다.
⑤ 광택이 있는 색은 깊은 맛(짙은 맛)을 주고, 광택이 없는 색은 그 반대이다.
⑥ 도료는 건조되면 젖은 상태의 색보다 짙게 보이는 것이 일반적이다.
⑦ 수성도료(水性塗料), 래커, 소부도료(燒付塗料)도 약간 명도가 짙게 보이나 수성도료는 광택이 없으므로 약간 흰 감을 준다. 나쁜 도료(塗料)일수록 젖은 상태에서는 짙게 보인다. 원색의 수(數)를 많이 혼합하면 보색(補色)관계로 색이 탁해 보이므로 백색과 흑색은 별도로 하고 원색은 1~2색 정도가 가장 이상적이고 무난하다.

 **안전유의사항**

① 조색하기 전 주변의 안전 상태를 확인하고 작업한다.
② 토시 착용 등으로 소매 부위를 조이고 방진마스크, 보안경, 장갑 등 보호구를 착용하고 작업한다.
③ 조색을 원하는 색이 나올 때까지 계속 확인하면서 작업을 한다.
④ 조색이 잘됐는지 확인하고 시험판에 칠한다.
⑤ 조색 칠하기가 잘됐는지 확인한다.

(5) 시험장에서 조색의 순서와 방법

① 주어지는 견본색상을 보고 먼저 어떤 색상을 섞어야할지 판단을 해야 한다. 만약 녹색이 나왔다면 청색과 황색을 섞어야한다는 판단이 서야 하며, 시험장에서는 3색 이상의 조색을 원칙으로 하고 있으므로 이러한 상황에서 기초적인 지식으로 적+청=보라, 청+황=초록색이 된다는 기초지식과 20색상환과 색배합표를 기억하도록 한다.

② 어떤 색이 주제색이고 어떤 색이 첨가할 색인지, 즉 어떤 색이 메인으로 양이 많이 들어가야 하고 어떤 색이 소량 첨가해야 하는지에 대한 판단이 이루어져야 한다.

③ 양에 대한 판단도 이루어져야 한다. 처음 조색 시에는 원칙적으로 통상 필요하다고 판단되는 양의 80% 정도의 양만 조색하면 되나, 만약 부족하게 될 경우 동일한 색상을 추가로 조색하기란 거의 불가능하기 때문에 필요량을 잘 판단해야 한다.

④ 견본색과의 비교

실험 조색한 색을 조색 판에 칠해서 비교해 본다. 이때 주의할 점은 조색하는 곳의 광원(형광등, 태양빛 아래인지)에 따라 달리 보이는 경우가 많으니 동일한 조건하에서 견본색을 잘 보고 조색해야 한다. 통상적으로 감독관이 아침에 조색 판을 만들고 태양광에서 건조시킬 경우가 많기 때문에 수험생들도 동일한 조건하에서 조색할 필요가 있다. 그리고 주의해야 할 점은 사람이 너무 오래 한 색상을 보고 있으면 해당 색에 영향을 받아 다른 색을 볼 때 정확하게 볼 수 없는 현상이 나타날 수 있기 때문에 통상 300mm 떨어진 거리에서 색을 보고 판단을 내려야 한다. 5초 이상 응시하지 않는 것이 좋다. 만약에 눈에 잔상이 심하다 싶으면 일정시간 눈을 쉬게 한 다음 다시 비교하는 것이 좋다.

그리고, 견본색과 비교할 때 조색한 상태로 비교하지 말고 반드시 조색 판에 칠해서 색을 비교해야 한다. 종이컵에 담겨져 있는 조색 도료와 조색 판에 칠해져있

던 견본색은 외부에 노출되어 약간의 변색마저 일어난 상태이기 때문에 반드시 견본색 옆에 칠을 해서 건조시켜 본 후 비교하는 것이 좋다. 실제로 수성도장의 경우 조색 후 색상이 맞다고 판단을 하여 도색 작업을 완료한 후 건조해 보면 생각했던 색상보다 옅어지는 경향이 있으므로 이러한 점을 감안해서 조색해야 한다.

2-2 수성페인트 배합비 및 색상 확인 실습

(1) 재료 및 공구 준비

포스터컬러, 붓, 캔트지, 수건, 물통, 칼, 헝겊, 스크레이퍼, 도료, 표준색표, 스푼, 보안경 등을 준비한다.

(2) 작업 준비를 한다.

① 작업에 필요한 개인 보호구의 이상 유무를 확인하고 착용한다.
② 작업에 사용되는 공구, 장비를 준비하고 이상 유무를 점검한다.
③ 사용 재료의 수량 및 상태를 확인한다.
④ 실습과제의 요구사항과 작업 순서를 숙지한다.
⑤ 조색 판을 준비한다.
⑥ 도료(포스터컬러)를 준비한다.

(3) 먼셀의 20색상환 만들기

① 색상환 만들기에 필요한 채색 도구를 준비한다.

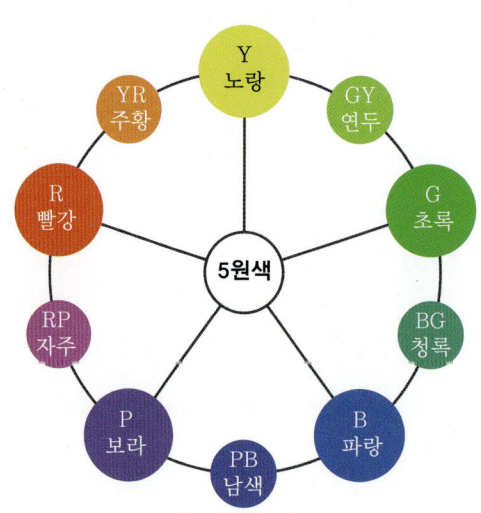

② 색상의 3원색(빨강, 노랑, 파랑)을 이용하여 5원색을 만든다. 노랑과 파랑을 7:3으로 섞어 초록색을 만들고 파랑과 빨강을 5:5로 섞어 보라를 만든다.
③ 이웃하여 있는 색을 혼합하여 10색상환을 만든다. 빨강과 노랑을 혼합하여 중간색인 주황을 만들고, 노랑과 녹색을 혼합하여 연두를 만든다. 같은 방법으로 나머지도 혼합하여 중간색을 만든다.
④ 10색상환의 인접한 색상을 배합시켜 20색상환을 만든다.

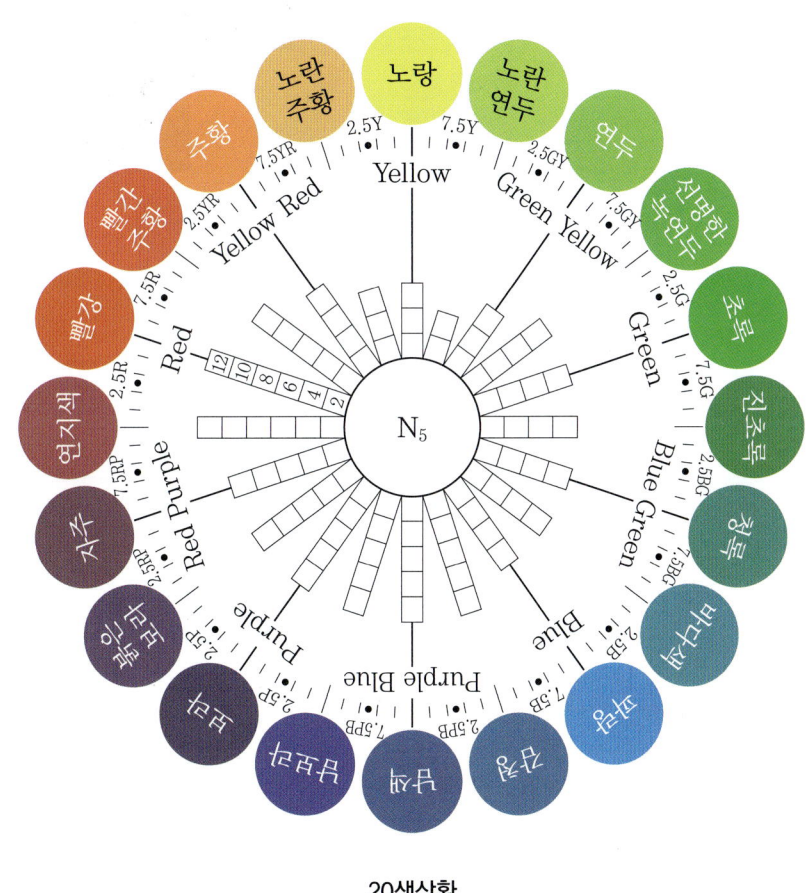

20색상환

⑤ 조색을 통해 20색상환을 실습지에 채색한다(부록 1. 먼셀의 20색상환 실습지 참조).

(4) 색상 배합표를 준비한다.

색상 배합표 1

재료 색상	조색 색상	배합 색상
노랑7 + 빨강3	주황색	노랑 + 빨강 = 주황
흰색9 + 검정1	회색	흰색 + 검정 = 회색
빨강4 + 노랑4 + 검정2	고동색	빨강 + 노랑 + 검정 = 고동
노랑6 + 초록4	연두색	노랑 + 초록 = 연두
빨강5 + 파랑5	보라색	빨강 + 파랑 = 보라
노랑7 + 파랑3	초록색	노랑 + 파랑 = 초록
노랑3 + 파랑7	청록색	노랑 + 파랑 = 청록
흰색9.5 + 청록0.5	비취색	흰색 + 청록 = 비취
흰색8 + 파랑1	하늘색	흰색 + 파랑 = 하늘
주황2 + 흰색8	살색	주황 + 흰색 = 살색
연두9 + 검정1	카키색	연두 + 검정 = 카키

색상 배합표 2

재료 색상	조색 색상	배합 색상
노랑9 + 빨강1	진노랑색	
흰색9 + 보라1	연보라색	
보라7 + 파랑3	남보라색	
빨강7 + 파랑3	자주색	
흰색8 + 밤색2	연밤색	
흰색9 + 노랑1	미색	
노랑8 + 빨강1 + 검정1	황토색	
흰색7 + 빨강3	분홍색	
흰색9 + 빨강1	연분홍색	
흰색8 + 검정2	진회색	
노랑5 + 빨강4 + 검정1	밤색	

3 도장 결함

도장 작업에서 발생하는 결함은 도료, 도장 환경, 도장 기술, 소재의 관리 등 여러 가지 요인에서 나타난다. 결함이 발생하고 그에 대한 보수보다는 예방이 최선이나 실수 및 예기치 못한 부분에서 결함이 발생할 수 있으므로 원인에 대해 이해하고 대체할 수 있어야 한다.

3-1 도장 시 주의 사항

① 결함을 보수하기 전 무엇이 원인인지 정확하게 판단한다.
② 마감 면이 완전히 경화된 후에 결함을 보수한다.
③ 두꺼운 도막을 올리는 것보다 얇은 도막을 여러 번 올려준다.
④ 정벌칠의 경우 연마 후에 도장하도록 한다.

3-2 도장의 결함과 대책

(1) 백화

① **현상**
고습도의 장소에서 도장 시 습기가 도막에 남아 도막이 유백색으로 된 상태를 말한다.

② **원인**
㈎ 공기 중의 습도가 80% 이상일 때

(나) 도장기기에 수분이 남아 있거나 용제 중에 수분이 포함되어 있을 경우
(다) 피도물의 함수율이 높거나 피도물 온도가 실온보다 낮은 경우
(라) 시너의 증발 속도가 빠를 경우
(마) 1회 도장에 너무 두껍게 도장할 경우

③ 대책

(가) 통풍을 통해 도장 환경에 습도를 낮게 유지한다.
(나) 용제 용기에 물이 침투하지 못하도록 항상 밀폐시킨 상태로 유지하고 도장기기의 수분 제거 후 도장한다.
(다) 피도물의 함수율을 15% 이하로 하고 피도물 온도를 높인 다음 도장한다.
(라) 리타다 시너를 혼합하여 도장한다.
(마) 규정 두께로 도장한다.

(2) 오렌지 필

① 현상

도막이 평탄하지 못하고 귤이나 레몬 껍질 모양의 요철이 발생한 것을 말한다.

② 원인

(가) 도료의 점도가 높거나 실내 온도가 높을 경우
(나) 피도물과 스프레이건의 거리가 멀 경우
(다) 희석제의 증발이 빠를 경우
(라) 스프레이건의 압력이 낮을 경우

③ 대책

(가) 시너를 추가하여 점도를 낮추고 실내 온도를 낮춘다.

㈏ 적정 거리 및 압력으로 스프레이 한다.
㈐ 리타다 시너를 혼합한다.

(3) 흐름 현상

① 현상

도장된 도료가 수직면에서 흘러내리는 현상을 말한다.

② 원인

㈎ 도료가 저점도이거나 1회 도장 시 너무 두껍게 도장할 경우
㈏ 피도물과 스프레이건의 거리가 너무 가까울 경우
㈐ 스프레이 작업 시 피도물과의 각도가 직각이 아닐 경우
㈑ 스프레이건의 운행 속도가 일정하지 않을 경우
㈒ 피도물에 유분이나 왁스 등이 있을 경우

③ 대책

㈎ 규정 두께로 도장한다.
㈏ 적정 거리 및 일정한 운행 속도로 피도물이 직각이 되도록 하여 도장한다.
㈐ 피도물의 유분 및 왁스를 제거한다.

(4) 핀 홀, 기포

① 현상

건조된 도막에 바늘로 구멍을 낸 것 같은 모양이 형성되는 것을 말한다. 솔벤트 팝(solvent pop)이라고도 한다.

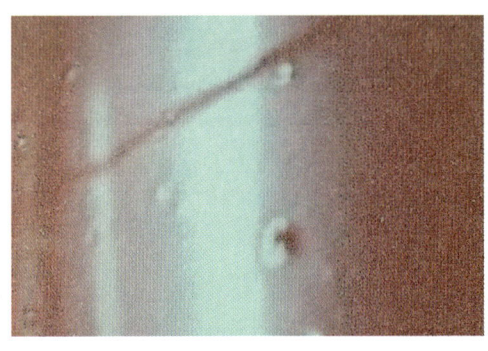 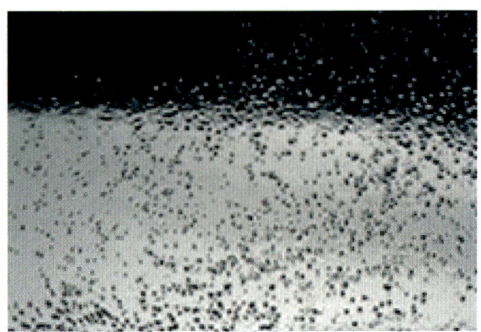

② 원인

(가) 바탕면의 눈메꿈 상태가 불량할 경우
(나) 충진제 및 하도의 건조가 충분하지 못할 경우
(다) 실내 온도보다 피도물의 온도가 높은 경우
(라) 1회 도장에 너무 두껍게 도장할 경우
(마) 피도물과 도료의 온도차가 클 경우

③ 대책

(가) 바탕면을 완전히 충진시킨다.
(나) 하도가 완전 건조된 후 다음 공정을 진행한다.
(다) 규정 두께로 도장한다.
(라) 도료를 실내에 보관하여 온도 차이를 줄인다.

(5) 부풀음

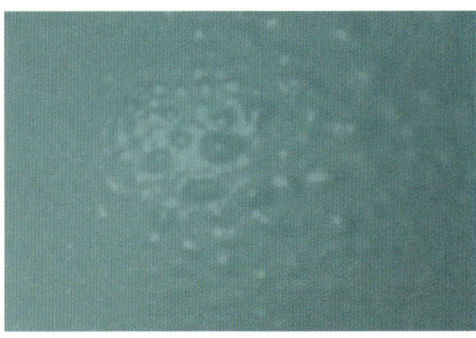

① 현상

내화 도장면이 부풀거나 시간 경과 후 박리되는 현상을 말한다.

② 원인
- ㈎ 내화 도료 도장 작업 중(또는 전후)에 높은 습도나 빗물에 노출된 경우
- ㈏ 내화 도료 도장 후에 상도 도장을 하지 않거나 내화 도막이 상도 도장 없이 장기간 노출된 경우

③ 대책
- ㈎ 도장 전후 온도와 습도를 체크한다.
- ㈏ 내화 도장 전(또는 중에) 습도가 높거나 비가 오는 경우에는 작업을 금한다.
- ㈐ 내화 도장 후 3일 이내에 상도를 도장한다.

(6) 초킹(chalking, 백아화)

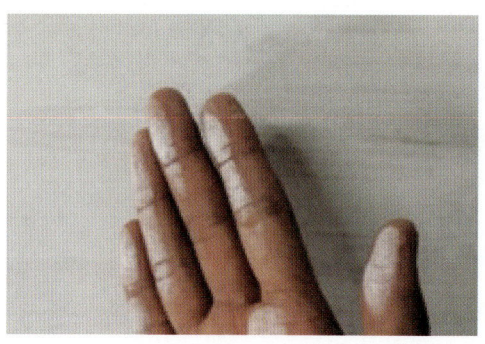

① 현상

열, 자외선, 바람, 비로 인해 도막이 열화되어 도막표면이 점차 가루 모양으로 소모되는 현상이다(문지르면 손바닥에 하얀 가루가 묻어 나옴).

② 원인
- ㈎ 도막의 수지성분은 수분, 자외선, 산소, 열 등에 의해 분해되고 안료입자만 표면에 남게 되어 도막을 문지르면 손에 묻어난다.
- ㈏ 침강된 도료를 잘 교반하지 않고 침강된 부분을 도장했을 경우
- ㈐ 규정된 양생 기간을 거치지 않은 시멘트, 콘크리트 위에 도장했을 경우

③ 대책
- ㈎ 내후성이 좋은 도료를 선정한다.
- ㈏ 시멘트, 콘크리트 표면을 충분히 양생 후 도장한다.

(7) 색 분리

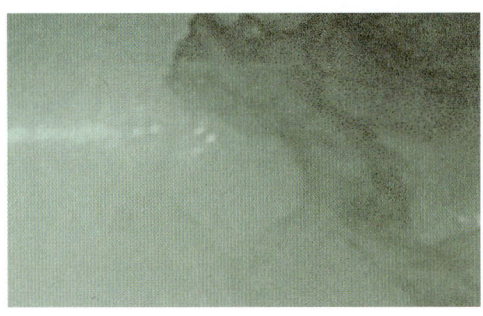

① 현상

두 가지 이상의 안료가 혼합되어 있는 경우 안료가 분리되어 도막 표면에 떠오른다.

② 원인

(가) 도료의 점도가 너무 높거나 낮은 경우
(나) 조색 시 다른 종류의 도료를 사용할 경우
(다) 시너의 용해력이 부족할 경우

③ 대책

(가) 적정 시너를 이용하여 적정 점도로 도장한다.
(나) 조색 시 규정 제품을 사용한다.

(8) 변색

① 현상

도막이 건조된 상태에서 처음 색상과는 다르게 변하거나 도막이 누렇게 되는 현상으로 수성 외부도료 도장 후 비를 맞으면 도장면에 빗물자국처럼 광얼룩이 나타나는 현상(도료 내 함유된 첨가제 등이 빗물에 인위적으로 용출됨)을 말한다.

② 원인
  ㈎ 도장 온도가 너무 낮거나 습도가 높은 상태에서 비를 맞을 경우
  ㈏ 도막의 완전건조가 안 된 상태에서 비를 맞았을 경우
  ㈐ 내열성이 불량한 전색제, 착색제를 사용한 경우
  ㈑ 바람이 많이 부는 환경이거나 장소에 도장 후 비를 맞을 경우

③ 대책
  ㈎ 산, 알칼리의 오염이나 금속분 등의 발생이 없어야 한다.
  ㈏ 규정 도료를 사용하고 규정 조건에서 건조시킨다.
  ㈐ 도장 온도 및 습도를 적절히 유지한 상태에서 도장한다.
  ㈑ 충분한 건조시간을 확보한다.
  ㈒ 바람에 의해 도막이 표면만 건조되지 않게 한다.

(9) 주름

① 현상
  도장 후 건조되는 과정에서 도막에 주름이 생기는 현상을 말한다.

② 원인
  ㈎ 1회 도장에 두껍게 도장한 경우
  ㈏ 상도 도료의 시너와 용해력이 하도보다 강할 경우
  ㈐ 하도 도료의 건조가 부족하거나 부착이 나쁠 경우

③ 대책
  ㈎ 규정 두께로 도장한다.
  ㈏ 하도 도막을 충분히 건조시킨 후 도장한다.

(10) 박리

① 현상

바탕 또는 하도와 상도간의 층간으로부터 일부분 또는 적부가 저절로 떨어지는 현상을 말한다.

② 원인
㈎ 바탕면 작업이 불완전한 경우
㈏ 습도가 높은 상태에서 도장할 경우
㈐ 도료를 충분히 교반하지 않았을 경우

③ 대책
㈎ 바탕면을 완벽하게 처리한 다음 도장한다.
㈏ 규정 조건하에서 도장한다.

(11) 크레이터링 현상

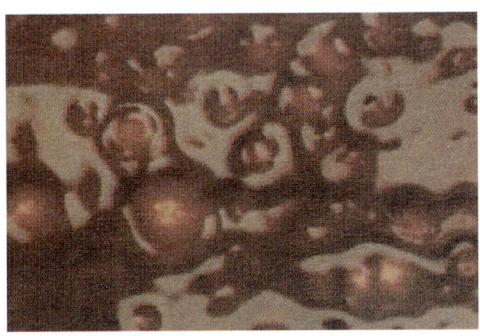

① 현상

　도막 표면이 둥글고 볼록하게 나오며 원형 구멍이 발생하는 결함을 말한다.

② 원인

　㈎ 도장 작업 전 표면이 완전히 세정되지 않을 경우 주로 발생한다.
　㈏ 오일, 왁스, 실리콘, 수분, 유분으로 오염된 상태에서 도장되어진 경우 발생된다.

③ 대책

　㈎ 도장 작업 전에 이물질을 철저히 제거해야만 한다.
　㈏ 도장 작업 환경을 개선해 줌으로써 이물질이 도장 작업 중에 도장표면에 부착되는 것을 방지해 줄 필요가 있다.

(12) 크랙(crack)

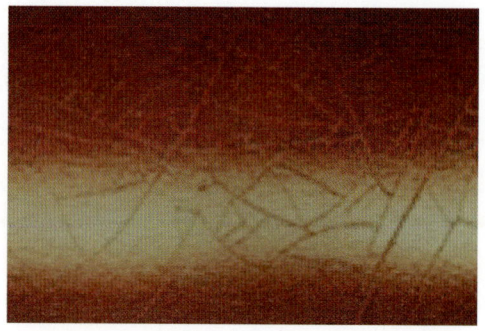

① 현상

　내화 도장면이 시간이 경과하면서 금이가는 현상이다.

② 원인

　㈎ 내화 도장 시에 추천 도막 이상의 후 도막으로 도장하는 경우
　㈏ 2시간용 내화도료인 경우, 후 도막으로 도장하거나 미건조 상태에서 재도장하는 경우

③ 대책

　㈎ 내화도료 1회 도장 시 추천 도막 이상의 후 도막 도장을 금한다.
　㈏ 2시간용은 1회 1mm 이상의 후 도막 도장을 금하고 재도장 간격을 준수한다.

Chapter 2

건축도장기능사 실기 시험

건축도장기능사 실기 시험

자격종목	건축도장기능사	과제명	수성페인트, 래커, 에나멜 도장, 그라데이션 도장

※ **시험시간** : 6시간

1. 요구사항

※ 1. 주어진 재료 및 시설을 사용하여 아래의 【과제1】 ~ 【과제5】를 공정별로 작업 공정이 보이도록 완성하시오.
　2. 도면의 치수(가~아), 【과제3】 문자도안, 【과제4】 도형(형태)을 시험장에서(수험자 교육이 끝난 후 시험 직전 알림) 지정하면 수험자가 도면에 표시하여 작업을 합니다.

가. 【과제1】 : 합판 수성(합성수지 에멀션) 페인트 도장

작업 순서	공정	작업 내용	비 고
1	연마	①. 바탕면 연마지로 연마	손연마
2	퍼티	②. 퍼티제로 작업(수성페인트 사용 불가)	주걱으로 1회 칠
3	연마	③. 퍼티면 연마지로 연마	손연마
4	중도	④. 에멀션수지(바인더) 1회 붓칠	붓칠
5	상도 1차	⑤. 수성페인트 1회 붓칠(지정색 조색)	붓칠
6	연마	⑤. 상도면 연마지로 연마	손연마
7	상도 2차	⑤. 수성페인트 1회 붓칠(지정색 조색)	붓칠

나. 【과제2】 : 각목 유색 래커 페인트 도장

작업 순서	공정	작업 내용	비 고
1	연마	Ⓐ. 바탕면 연마지로 연마	손연마
2	퍼티	Ⓑ. 퍼티제로 작업(수성페인트 사용 불가)	주걱으로 1회 칠
3	연마	Ⓒ. 퍼티면 연마지로 연마	손연마
4	중도	Ⓓ. 래커 서페이서 1회 칠	붓칠
5	상도 1차	Ⓔ. 유색 래커 1회 붓칠(지정색 조색)	붓칠
6	연마	Ⓔ. 상도면 연마지로 연마	손연마
7	상도 2차	Ⓔ. 유색 래커 1회 붓칠(지정색 조색)	붓칠

다. 【과제3】 : 수성(합성수지 에멀션)페인트 지정색(조색) 도장
  ○ 상도 작업 마무리 후 지정한 문자도안 도장
  ○ 아래의 문자도안에서 시험장별로 1개를 선정하여 지정
    – 지정한 문자도안을 도면의 문자 **건축**을 참고하여 도면의 크기에 맞게 작업 (단, 문자는 지급된 모눈트레이싱지 등을 사용하여 범위(135×100mm) 안의 외곽으로 최대한 크게 문자도안의 모형으로 작업)
    – 감독위원은 모눈트레이싱용지 여백에 사인하여 지급
  ○ 문자도안

번호	문자도안	번호	문자도안	번호	문자도안
1	서울	2	인천	3	울산
4	광주	5	충남	6	강원

라. 【과제4】 : 에나멜페인트 흑색 도장(트레이싱지를 보조재로 사용 불가)
  ○ 상도 작업 마무리 후, 아래의 그림에서 지정한 도형(형태)을 수험자가 본 교재 44쪽의 도면 치수를 참고하여 도장

구분	1형	2형	3형	4형
도형	 ▣	 ▣	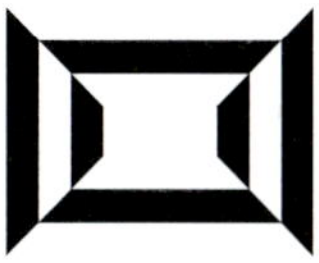 ▣	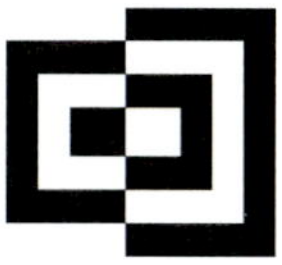 ▣

마. 【과제5】 : 수성(합성수지 에멀션)페인트 그라데이션 도장
  ○ 각재 하단 오른쪽 부분을 도면에서와 같이 수성페인트 그라데이션(gradation) 도색을 하시오. (단, 【과제1】의 중도 작업 후에 실시한다.)

바. 과제에서 요구되지 않은 부분이 있을 경우 도면을 참고하여 과제 성격과 관련된 일반건축도장 기법에 의하여 도면상의 형태와 크기를 적용하여 작업을 합니다.

2. 수험자 유의사항

※ 다음 유의사항을 고려하여 요구사항을 완성하시오.

(1) 지급받은 재료의 이상 유무를 확인하여 이상이 있는 재료는 감독위원의 조치를 받는다. (단, 시험 중에는 재지급 및 교환하지 못함)

(2) 【과제1】의 연마 작업이 끝나면 재료 합판의 ① 부분에 비번호를 기입 후 작업을 한다.

(3) 도면에 주어진 요구사항에 맞게 각 공정별로 작업 공정이 보이도록 작업을 한다.

(4) 조색 작업은 감독위원이 지정하는 조색견본(지급재료 중 3색 이상 임의 배합)에 의거 색을 배합하여 작업을 한다.

(5) 모든 도장 작업은 재작업(잘못된 부분 복원 작업)을 할 수 없다.

(6) 작업에 적합한 재료와 공구만을 사용해야 하며, 지급된 재료 이외 또는 타인의 도료·공구 등을 사용할 수 없다.

(7) 도면 치수에 맞게 별도 제작한 지그나 공구 등을 사용할 수 없다.

(8) 작업 순서를 지키며 각 작업이 누락되지 않도록 하여야 한다.

(9) 재료의 경제성 평가가 있으니 도료는 손실이 없도록 지급재료의 개인 필요량만 사용한다.

(10) 도장은 일정한 도막두께, 평활도 등이 유지되도록 하며, 붓자국, 얼룩, 주름, 흐름 등의 도장 결함이 발생하지 않도록 작업을 한다.

(11) 퍼티 작업은 바닥판 면이 보이지 않을 정도의 두께로 작업을 한다.

(12) 퍼티면 건조 작업이 끝나면(건조 중에도 가능) 퍼티 작업의 중간 채점을 받고 작업을 한다.

(13) 퍼티 작업을 제외한 전 공정은 마스킹테이프 등을 사용할 수 없다. (단, 【과제3】의 모눈트레이싱지 고정 작업에만 사용이 가능)

(14) 작품 완성 시 문자도안 및 도형에는 보조선이 보이지 않도록 한다.

(15) 작업진행 중에 작업장의 청결을 유지하고 폐기물은 지정된 곳에 폐기하도록 한다.

(16) 모든 작업이 끝나면 작품과 모눈트레이싱지, 연마지 등을 지정 장소에 제출한다.

(17) 시험 중 시설의 손상 및 망실이 발생되지 않도록 유의하며, 사용 후에는 깨끗이 세정하여 두고, 주변을 정리·정돈하여야 한다.

(18) 모든 작업은 안전수칙에 따라 진행되어야 하며, 적합한 복장과 보호구를 착용하고 간단한 몸 풀기(스트레칭) 운동 등을 실시한 후 작업을 한다.

(19) 시험 중 작업내용을 감독위원이 채점을 실시하오니 채점 시 협조하여 주시기 바라며, 실격

이나 오작사항이 발생할 경우, 오작·실격부분은 남겨두고 나머지 부분의 계속 작업 여부는 수험자가 판단하여 결정한다.

(20) 다음 사항은 실격에 해당하여 채점 대상에서 제외된다.
① 수험자 본인이 수험 도중 시험에 대한 포기(기권) 의사를 표시한 경우
② 타인의 공구를 빌려 사용하거나 타인이 조색한 도료를 사용한 경우
③ 요구한 도장 횟수 미만 또는 초과로 도장한 경우

> ※ 도장 작업 시 경계선(면) 기준으로 ±5mm 이상인 경우

④ 퍼티 작업 외에 테이프 등을 사용한 경우(단, 【과제3】의 모눈트레이싱지 고정 작업은 제외)
⑤ 작업 중 잘못된 부분에 대해 복원작업을 실시한 경우
⑥ 공정별 작업이 완료된 후 누락된 부분에 도장을 실시한 경우
⑦ 지급된 재료 이외의 재료를 사용한 경우
⑧ 시험 중 이동, 조색작업 등의 붓칠 작업이 아닌 사유로 도료 등의 흘린 부분 선의 크기가 5×100mm(굵기×길이) 이상이거나 10[(5×10mm(굵기×길이) 이상 크기]군데 이상 또는 흘린 부분 총 개수의 크기가 5×100mm(굵기×길이) 이상인 경우
⑨ 시험 중 시설·장비의 조작 또는 재료의 취급이 미숙하여 자신 및 타인의 위해를 일으킬 것으로 감독위원이 합의하여 판단한 경우
⑩ 시험시간 내에 요구사항을 완성하지 못한 경우
⑪ 조색 견본 또는 지정색과 현저하게 색상이 다르다고 모든 감독위원이 인정한 경우

> ※ 1회 도장 후 재조색 하는 경우

⑫ 문제의 도면 치수(각 부분의 합계 치수도 포함)와 작품과의 오차가 ±5mm 이상인 경우

> ※ 【과제3】 문자의 배치, 크기(135×100mm)에는 적용하되, 문자도안(글자체)에는 적용하지 않으며, 문자의 전반적인 배치 및 명확성 등을 평가

⑬ 【과제5】 수성페인트 그라데이션 도장 작업 실격 기준

> ※ 도색 작업 시 페인트가 혼합되지 않은 경우
> ※ 도면상의 가로와 세로 1/3 등간격 기준으로 ±5mm 이상인 경우

⑭ 주어진 도면(시험문제와)과 상이하게 작업한 경우
⑮ 제출된 작품의 외관 및 기능도가 지극히 불량하여 건축도장 작품으로서 활용할 수 없다고 감독위원이 인정한 경우

3. 도면

| 자격종목 | 건축도장기능사 | 과제명 | 수성페인트, 래커, 에나멜 도장
그라데이션 도장 | 축척 | NS |

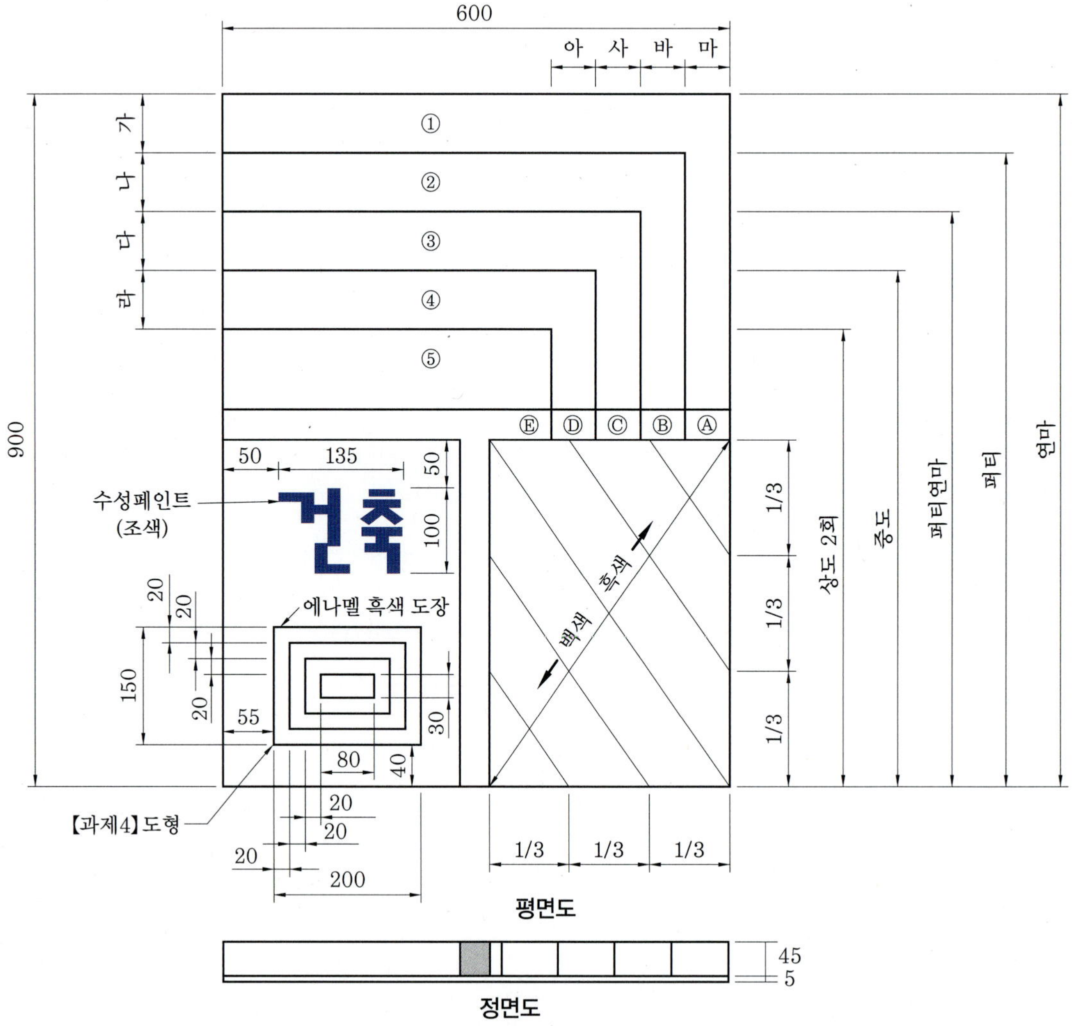

평면도

정면도

도면의 가~아 치수 현황 (단위: mm)

구분	가	나	다	라	소계	마	바	사	아	소계
1형 치수	55	60	75	65	255	60	70	65	55	250
2형 치수	60	70	80	50	260	55	60	75	65	255
3형 치수	60	75	70	65	270	60	70	65	55	250
4형 치수	55	70	75	60	260	65	80	55	60	260

※ 수험자는 시험장에서 지정한 1~4형 중의 치수를 문제지 도면에 기입 후 작업

4. 지급재료 목록

일련번호	재료명	규격	단위	수량	비고
1	일반 합판	900×600×5	장	1	• 도면과 같이 제작 지급함 • 각재는 초벌대패질 마감 • 합판, 미송각재 함수율 15% 이내
2	미송각재	45×45×600	개	1	
3	미송각재	45×45×450	개	1	
4	못	1인치	개	8	
5	연마지	#120, #220, #320	매	각 1/2	1인용
6	합성수지 에멀션페인트(백색)	외부용 5L	통	1	10인 공용
7	수성 착색제(적색, 흑색)	1L	통	각 1	35인 공용
8	수성 착색제(황색)	1L	통	1	30인 공용
9	수성 착색제(청색)	1L	통	1	60인 공용
10	에멀션수지(바인더)	1L	통	1	24인 공용
11	핸디코트	4kg	통	1	10인 공용
12	유색 래커(적색, 황색)	1L	통	각 1	30인 공용
13	유색 래커(녹색, 청색)	1L	통	각 1	60인 공용
14	백색 래커	1L	통	1	10인 공용
15	래커 서페이서	1L	통	1	30인 공용
16	래커 시너	4L	통	1	40인 공용
17	에나멜페인트(유광 흑색)	1L	통	1	40인 공용
18	에나멜페인트 시너	4L	통	1	40인 공용
19	모눈트레이싱지	A4	장	1	1인용
20	흰색 두꺼운 마분지	100×100mm /400g/m²	장	3	1인용
21	흰색 두꺼운 마분지	100×100mm /400g/m²	장	3	시험장당 (조색견본 제작용)
22	평붓	폭 25mm 정도	개	3	시험장당 (조색견본 제작용)
23	플라스틱 숟가락	일회용, 길이 150mm 이상	개	10	시험장당 (수험자 지급재료 사용용)
24	※ 도장재료 및 희석제는 KS제품				

Chapter 3

건축도장기능사 실기 실습

건축도장기능사 실기 실습

본 교재의 실기 실습은 공개 실기 시험 3. 도면(본 교재 44쪽)에서 **1형 치수 가~아**의 치수를 기준하여 실기 실습 작업을 수행하도록 한다.

1 ▶ 【과제1】 작업판 연마 작업

1. 앞에서 제시된 건축도장기능사 시험문제를 보고 각각의 과제를 파악하고 작업 계획을 세워 적절히 시간 배정을 하여 작업을 하도록 한다.

2. 도면에서 요구한 대로 겨자색으로 되어 있는 작업판의 모든 부분을 #120 샌드페이퍼를 사용하여 연마 작업을 수행하도록 한다.

3. 나뭇결 방향으로 연마 작업을 수행한다.

4. 마스킹테이프를 붙이는 부분은 나중에 채점을 하는 부분이므로 연마 작업을 다른 부위보다 더욱 꼼꼼히 작업해야 한다.

5. 각목 부분을 연마할 때 모서리 부분이 둥그렇게 되지 않도록 각을 살려 연마하도록 한다. 이때 조그만 각목에 연마지를 말아서 연마 작업을 수행하면 각목의 모서리 부분이 둥그렇게 되는 것을 막을 수 있다.

6️⃣ 연마 작업이 마무리되면 청소용 붓으로 연마 작업으로 발생된 가루를 잘 쓸어내려 한곳에 모아 버리고 작업판에 이물질이 남아있지 않도록 철저히 털어내도록 한다.

7️⃣ 청소솔로 연마가루를 아무리 털어내더라도 합판 위에 붙어있기 때문에 물티슈를 사용해 깨끗이 닦아내는 것이 필요하다. 그 이유는 나중에 퍼티 작업할 때 퍼티 색상에 영향을 주기 때문이다.

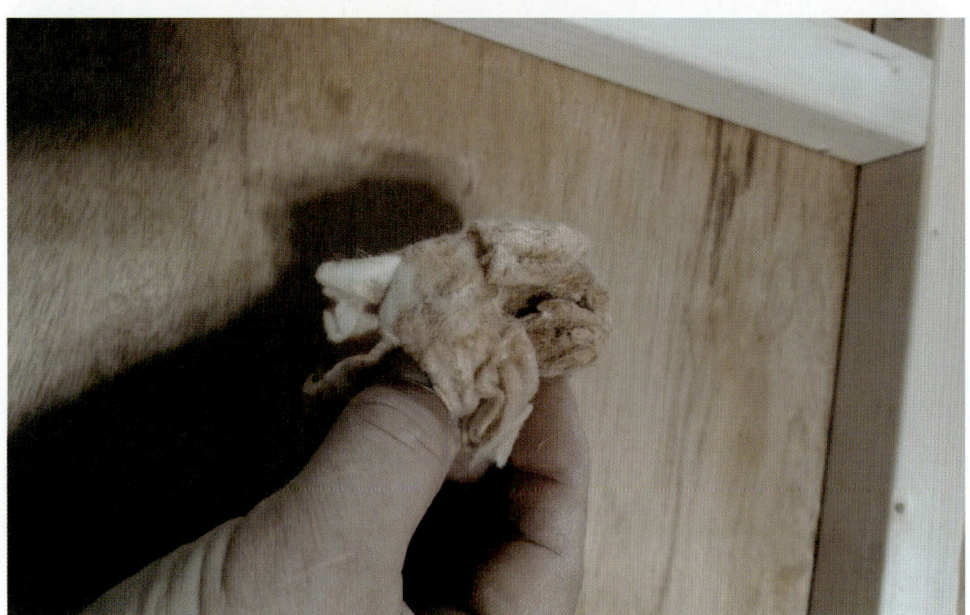

2 【과제1】 1차 선긋기 작업 후 마스킹테이프 부착

1. 연마 작업 완료 후 도면에 제시된 내용대로 1차적으로 55mm, 60mm로 선긋기 작업을 수행한다.

2. 작업판 상단부 좌, 우측 부분을 55mm되도록 300mm자를 사용하여 마킹해 두고 오른쪽 부분은 60mm되도록 윗부분과 아랫부분에 마킹 작업을 해 줌으로써 선긋기 작업준비를 한다.

3. 마킹된 부분을 600mm자를 사용해 선긋기 작업을 수행한다. 이때 연필은 왼쪽에서 오른쪽 방향으로 선긋기 작업을 수행하며, 오른쪽 60mm 마킹된 부분이 넘어가지 않도록 600mm자를 우측 마킹된 부분에 세워놓고 선긋기 작업을 수행하도록 한다. 오른쪽 선긋기 작업은 세워준 자를 움직이지 않도록 잘 누르면서 아래에서 위 방향으로 선긋기 한다.

4. 각목 부분은 오른쪽 부분 60mm 선긋기한 부분에 직각자를 대고 그린다.

5. 마스킹테이프를 사용하여 1차 선긋기 외곽부분 ①에 붙여 줌으로써 연마면을 보양한다.

6. 각목 Ⓐ에도 마스킹테이프를 사용하여 보양작업을 수행한다. 이때 각목에 붙인 마스킹테이프를 칼로서 합판 부분(그라데이션 작업 부분)과 각목 부분 경계가 잘 나타나도록 자를 대고 자른다.

1차 선긋기

1차 선긋기(각목 우측면)

1차 선긋기(각목 상단면)

1차 선긋기(각목 좌측면)

합판 위 마스킹테이프 절단

마스킹테이프 마감

① 연마 후 마스킹테이프

3 ▶ 【과제1】 퍼티 작업

유성 및 수성페인트 작업의 하도 작업을 위해 핸디코트를 사용하여 퍼티 작업을 수행한다. 앞 그림에서 마스킹테이프를 바르고 난 모든 부분(겨자색 부분)에 퍼티 작업을 실시한다.

1 퍼티 쟁반에 핸디코트를 일정량 퍼 담는다.

2 헤라를 사용하여 적당한 점도로 갠다(너무 묽지 않게 개도록 한다).

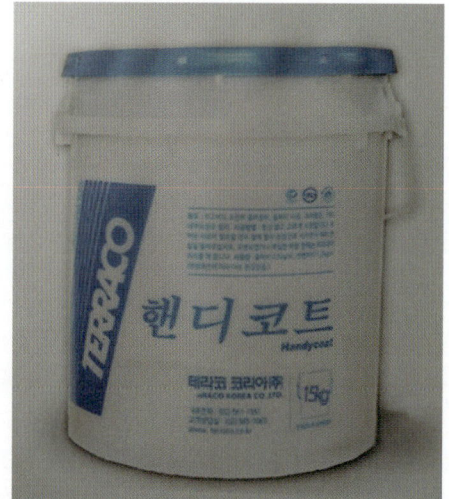

3️⃣ 각목 부분에 묽게 갠 퍼티를 바르고 골고루 잘 펴서 바른다.

4️⃣ 합판 위에도 퍼티를 군데군데 발라주고 헤라를 60° 정도 각도를 주어 합판면에 일정한 두께로 퍼티가 발라질 수 있도록 잡아당기면서 평탄 작업을 수행한다. 두껍게 퍼티를 바를 때에는 각도를 30° 정도로 한다. 퍼티 작업 횟수가 1회이기 때문에 헤라를 약간 뉘워서 작업한다.

5️⃣ 퍼티 작업이 완료되면 건조를 위해 헤어드라이어를 사용하여 뜨거운 바람으로 건조한다.

6️⃣ 퍼티 작업 완료 후 반드시 시험 감독위원에게 확인을 받은 후 다음 작업에 임하도록 한다. (퍼티 작업은 작업 진행 중 채점 사항임)

7 퍼티 건조 작업 완료 후 2차 선긋기 작업(상단부에서 115mm, 오른쪽에서 130mm 부분에 선긋기)을 실수 없이 작업한 후 퍼티 연마 작업을 수행하도록 한다.

2차 선긋기 작업 (합판)

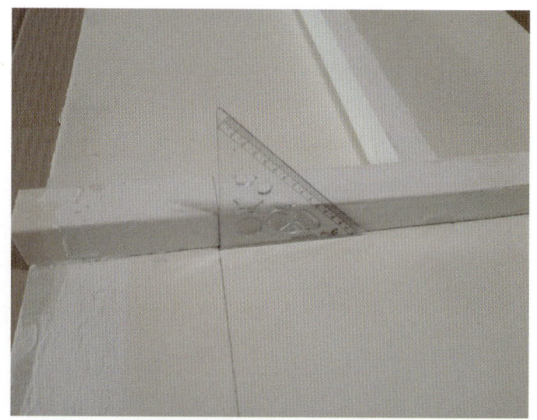
2차 선긋기 작업 (각목 우측면)

2차 선긋기 작업 (각목 상단면)

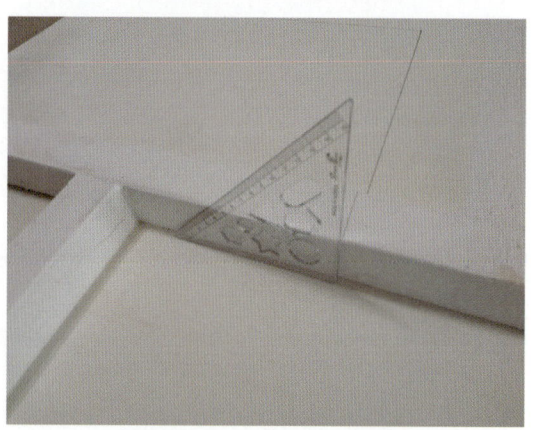
2차 선긋기 작업 (각목 좌측면)

2차 선긋기 완성

8. 2차 선긋기 후 #220 샌드페이퍼를 사용하여 1차 퍼티 작업 시 고르지 못한 부분의 연마 작업을 수행하여 평탄 작업을 수행한다. 이때 합판 ②번 부분과 각목 ⑧ 부분은 절대 연마해서는 안 된다. 이 부분은 채점되는 부분(연마할 경우 오작처리 실격됨)이므로 신경을 써서 연마 작업을 하도록 해야 한다.

②번 제외한 부분 연마

그라데이션 부분 연마

도형 부분 연마

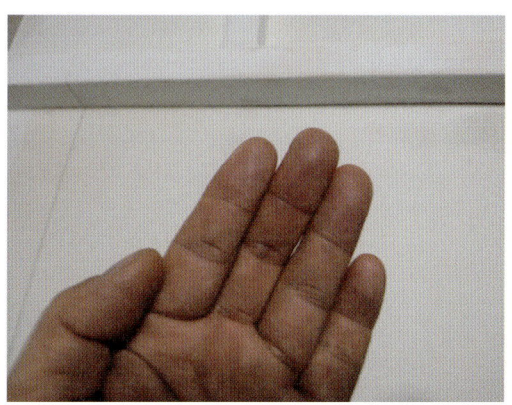

②번 ⑧ 부분 확인

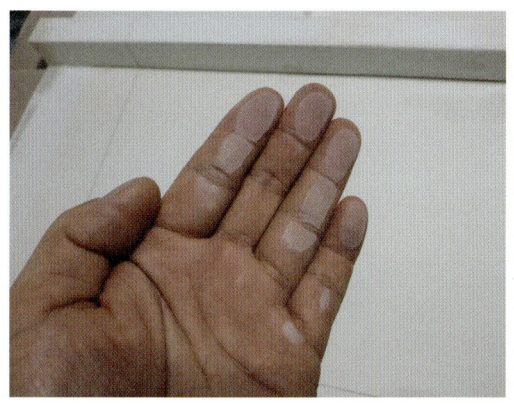

모든 연마 부분 확인

퍼티 연마 완성

퍼티 연마 완료된 상태

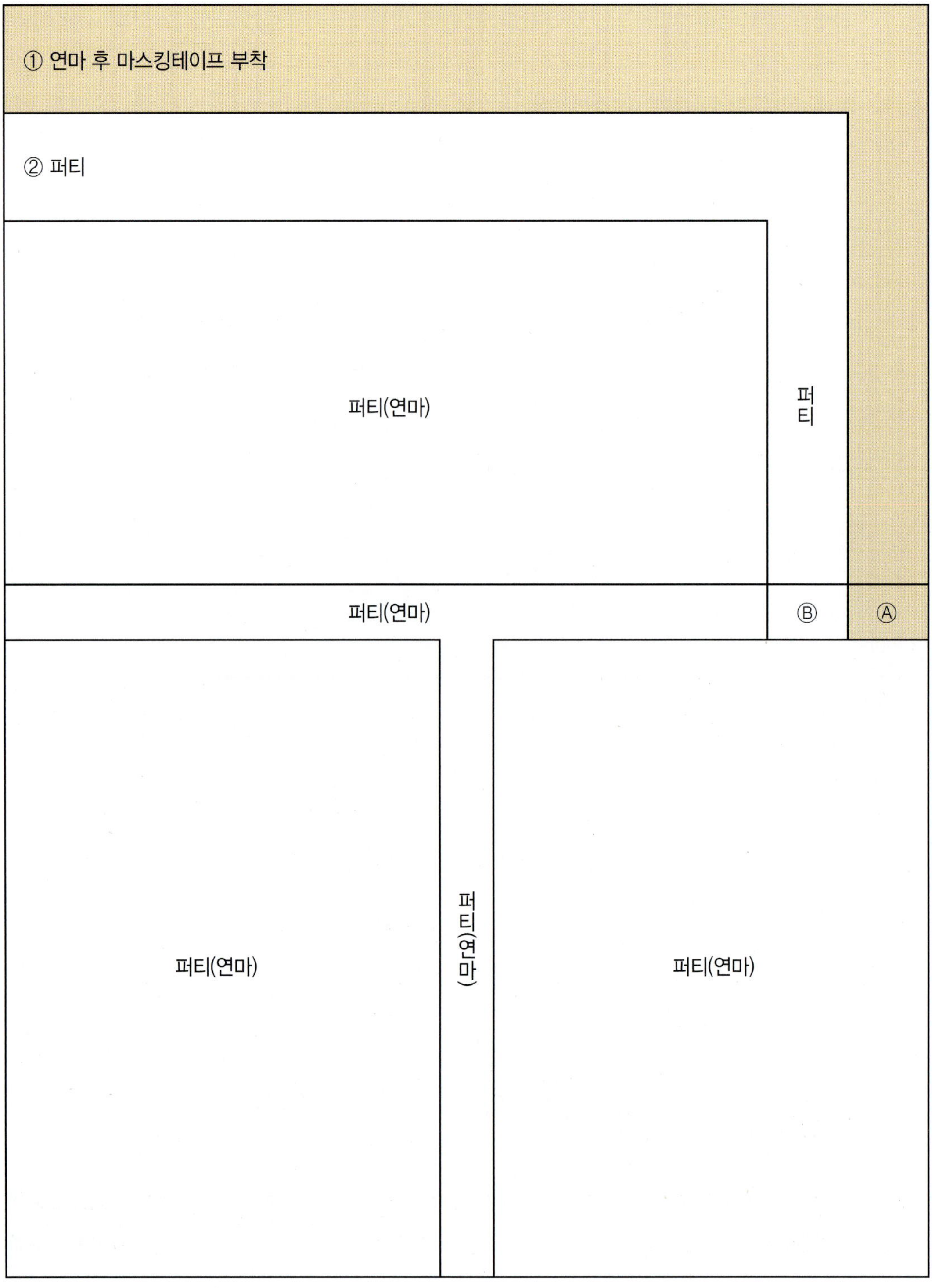

① 연마 후 마스킹테이프 부착

② 퍼티

퍼티(연마)

퍼티

퍼티(연마)

Ⓑ　Ⓐ

퍼티(연마)　퍼티(연마)　퍼티(연마)

4 【과제1】 수성 바인더 작업

1 퍼티 연마 작업 완료 후 상단부에서 190mm, 오른쪽에서 195mm되는 부분의 3차 선긋기 작업을 수행한다.

2 수성 바인더 작업 시 합판 ③과 각목 부분에는 절대로 칠하지 않아야 한다.

3 수성 바인더 작업 완료 후 건조한다.
건조 작업 시 자연 건조를 하면 좋겠지만 시험인지라 시간과의 싸움으로 드라이기를 사용해 빨리 건조해야 좋다.

3차 선긋기 작업 (합판)

3차 선긋기 (각목 우측면)

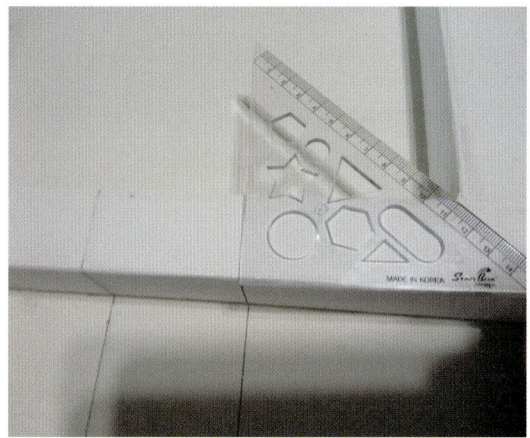

3차 선긋기 (각목 상단면)

3차 선긋기 (각목 좌측면)

수성 바인더 작업 1(퍼티 연마 부분)

수성 바인더 작업 2(합판, 각목 경계 부분)

수성 바인더 작업 3(코너 구석 부분)

수성 바인더 작업 4(문자 및 도형 부분)

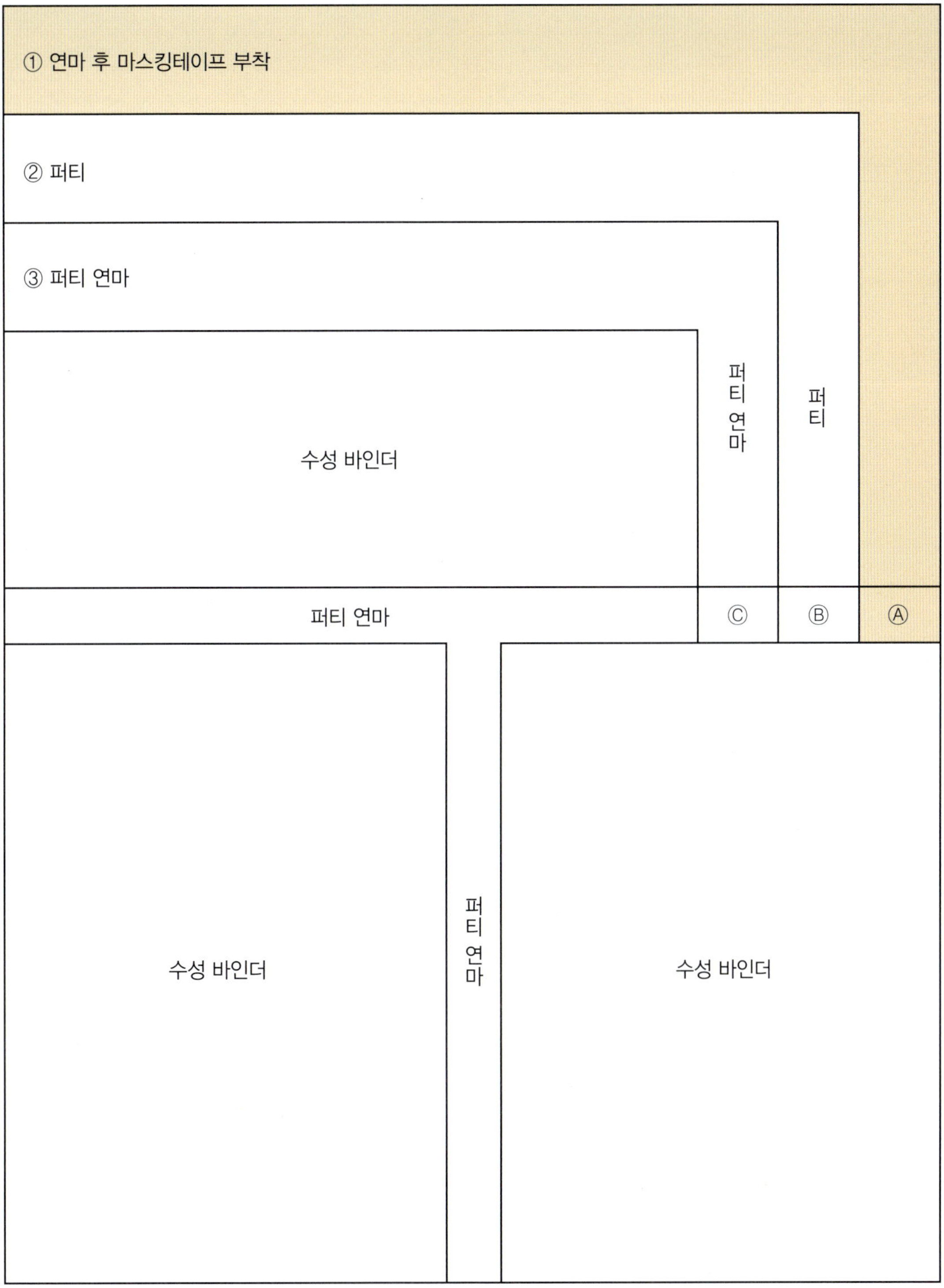

① 연마 후 마스킹테이프 부착

② 퍼티

③ 퍼티 연마

수성 바인더

퍼티 연마

퍼티

퍼티 연마

Ⓒ Ⓑ Ⓐ

수성 바인더

퍼티 연마

수성 바인더

수성 바인더 작업 5(그라데이션 부분)

수성 바인더 작업 6(수성 바인더 작업 완성)

3 수성 바인더 건조 작업이 마무리된 후 다음 작업으로 상단부에서 255mm 좌우를 마킹하고 오른쪽 부분에서는 250mm 상하 부분을 마킹한 후 4차 선긋기 작업을 수행한다. 누차 강조하는 것으로 치수 마킹을 틀리지 않게 해 줌으로써 오작이 나오지 않도록 신경을 써야 한다.

4차 선긋기 1

4차 선긋기 2(각목 우측면)

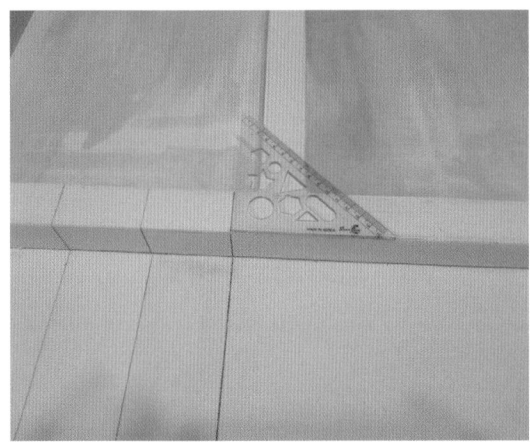
4차 선긋기 3(각목 상단면)

4차 선긋기 4(각목 좌측면)

4차 선긋기 완성

5 【과제1】 합성수지 에멀션(수성)페인트 작업

1 4차 선긋기 작업 완료 후 선긋기 작업한 안쪽 부분과 도형 및 문자 쓸 부분에 수성페인트를 견본색에 맞도록 조색을 하여 붓칠 작업을 수행한다. 이때 합판 ④와 각목 부분에 수성페인트를 절대로 칠하지 않도록 주의해야 한다.

2 조색 방법에 대해서는 본 교재에서 언급되어 있는 부분을 숙지하고 색 배합표에 대한 기초지식을 완전히 숙지하여 어떠한 색깔이 출제가 되더라도 색깔을 보고 어떻게 배합을 할 것인지 판단을 내려야 한다.

3 다음과 같은 견본색이 출제되었다면 조색을 어떻게 할 것인가 고민해 본다.

수성페인트 견본색

문자 페인트 견본색

유성 래커페인트 견본색

4 합성수지 에멀션페인트(수성) 및 래커페인트(유성)의 조색

(1) 수성페인트 조색
  ① 주어진 견본표의 수성페인트의 색깔은 살색으로 판단된다.
  ② 색 배합표를 점검해 보면 바탕색은 흰색으로 주황색을 20% 정도 배합함으로써 조색을 할 수 있다 판단된다.
  ③ 백색이 들어가 있는 컵에 주황색을 한꺼번에 첨가하지 말고 조금씩 첨가하여 막대를 사용해 잘 섞어서 견본표의 색깔과 비교해보면서 건조한다.

(2) 문자 페인트 조색
  문자 페인트 조색은 약간의 흰색 페인트에 청색과 검은색을 1~2방울씩 넣어보면서 조색하여 견본색과 비교하면서 조색한다.

(3) 유성 래커페인트 조색
  유성 래커페인트 조색은 카키색으로 연두색에 검은색을 약간씩 넣으면서 견본색과 비교하면서 조색한다.

5 조색된 수성페인트 ⑤번과 문자 도안 바탕 부분에 붓칠 작업(상도) 1회 수행
　① 각목과 접해 있는 부분 작업 시에는 작은 평붓을 사용해서 각목 부분에 침범하지 않도록 심혈을 기울여 도장 작업을 수행하도록 한다.
　② 붓칠 작업 전 붓의 털을 손가락으로 훑어서 밀착력이 떨어지는 털 및 먼지나 불순물을 제거하고 사용한다.
　③ 도장 작업 시 붓을 도료의 통에 깊숙이 담가 자루 부분에 도료가 묻지 않게 80% 정도만 묻혀서 사용한다.
　④ 붓의 털이 일정한 방향으로 유지되도록 하여 도장한다.
　⑤ 수성도료 및 유성도료에 사용한 붓을 혼용하여 사용하지 않도록 한다.
　⑥ 도장 결함이 생기지 않도록 심혈을 기울여 도장 작업을 한다.

수성페인트 상도 1회 도장 작업 1(선 작업)

수성페인트 상도 1회 도색 작업 2(선 작업)

수성페인트 상도 1회 도장 작업 3(선 작업)

수성페인트 상도 1회 도장 작업 4(선 작업)

수성페인트 상도 1회 도장 작업 5(선 작업)

수성페인트 상도 1회 도장 작업 6(경계 부분)

수성페인트 상도 1회 도장 작업 7(코너 부분 작업)

수성페인트 상도 1회 도장 작업 완성

합성수지 에멀션(수성)페인트

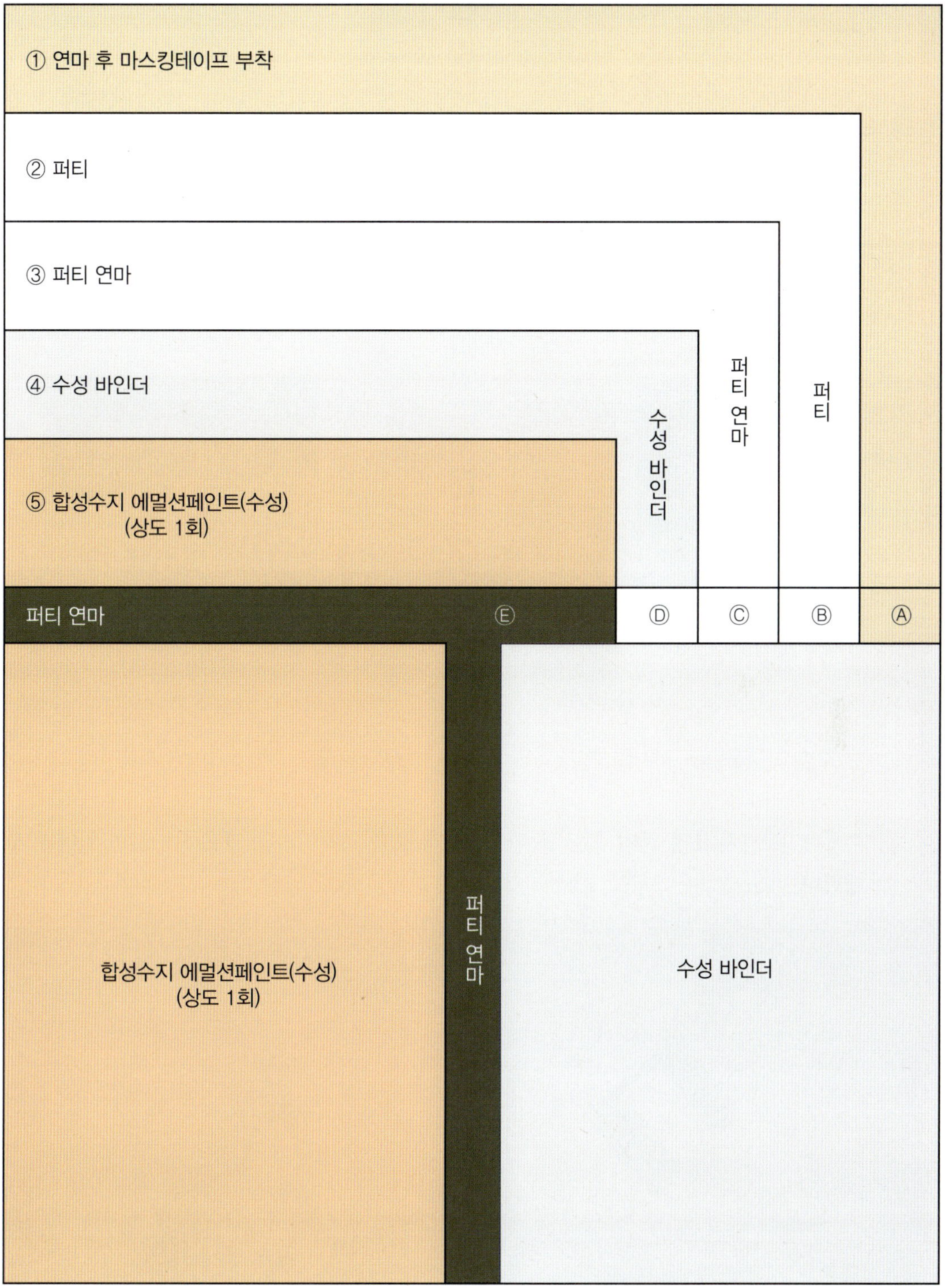

① 연마 후 마스킹테이프 부착

② 퍼티

③ 퍼티 연마

④ 수성 바인더

⑤ 합성수지 에멀션페인트(수성)
　　(상도 1회)

퍼티 연마　　　　　　　　　　　　　　Ⓔ　　Ⓓ　Ⓒ　Ⓑ　Ⓐ

퍼티 연마 | 수성 바인더 | 퍼티 연마 | 퍼티

합성수지 에멀션페인트(수성)
(상도 1회)

퍼티 연마

수성 바인더

> **참고** 도장 작업 시 흔히 발생될 수 있는 대표적인 결함

핀 홀, 기포	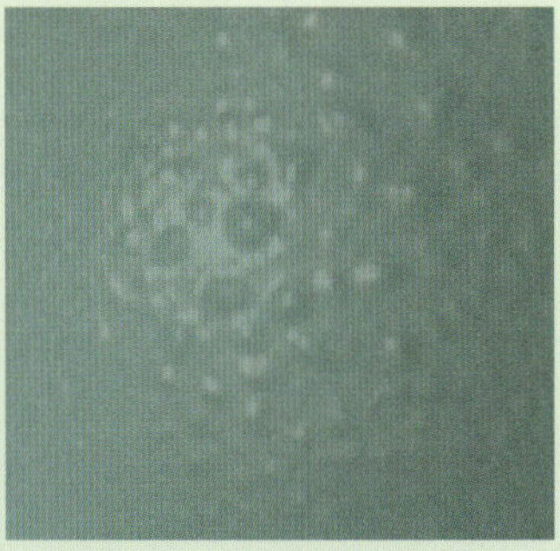 부풀음	흐름
주름	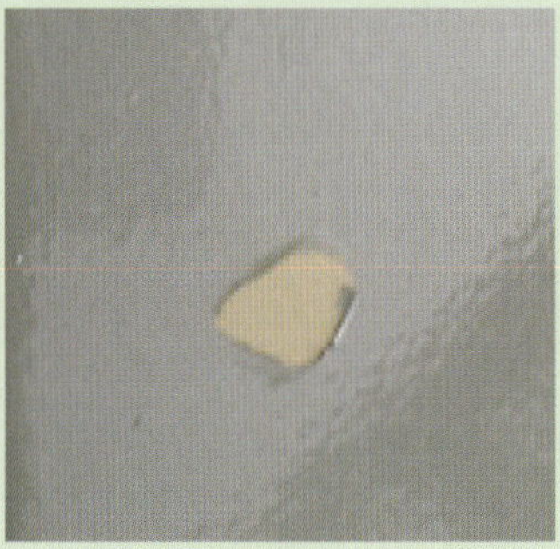 박리	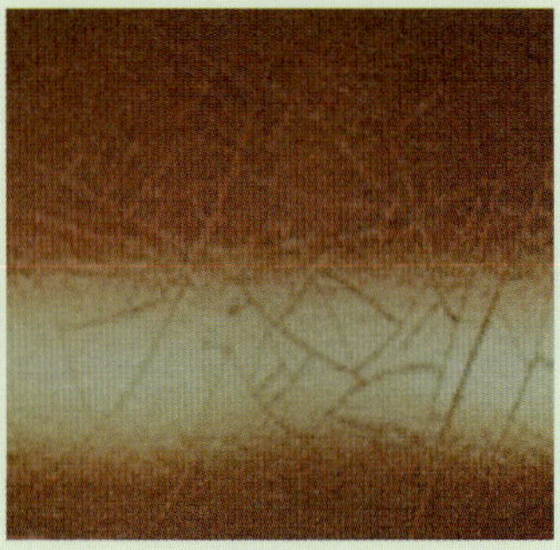 크랙(crack)

6 수성페인트 1차 도장 작업 후 건조 완료되면 #320샌드페이퍼를 사용하여 표면 연마를 시행한다.

합성수지 에멀션(수성)페인트

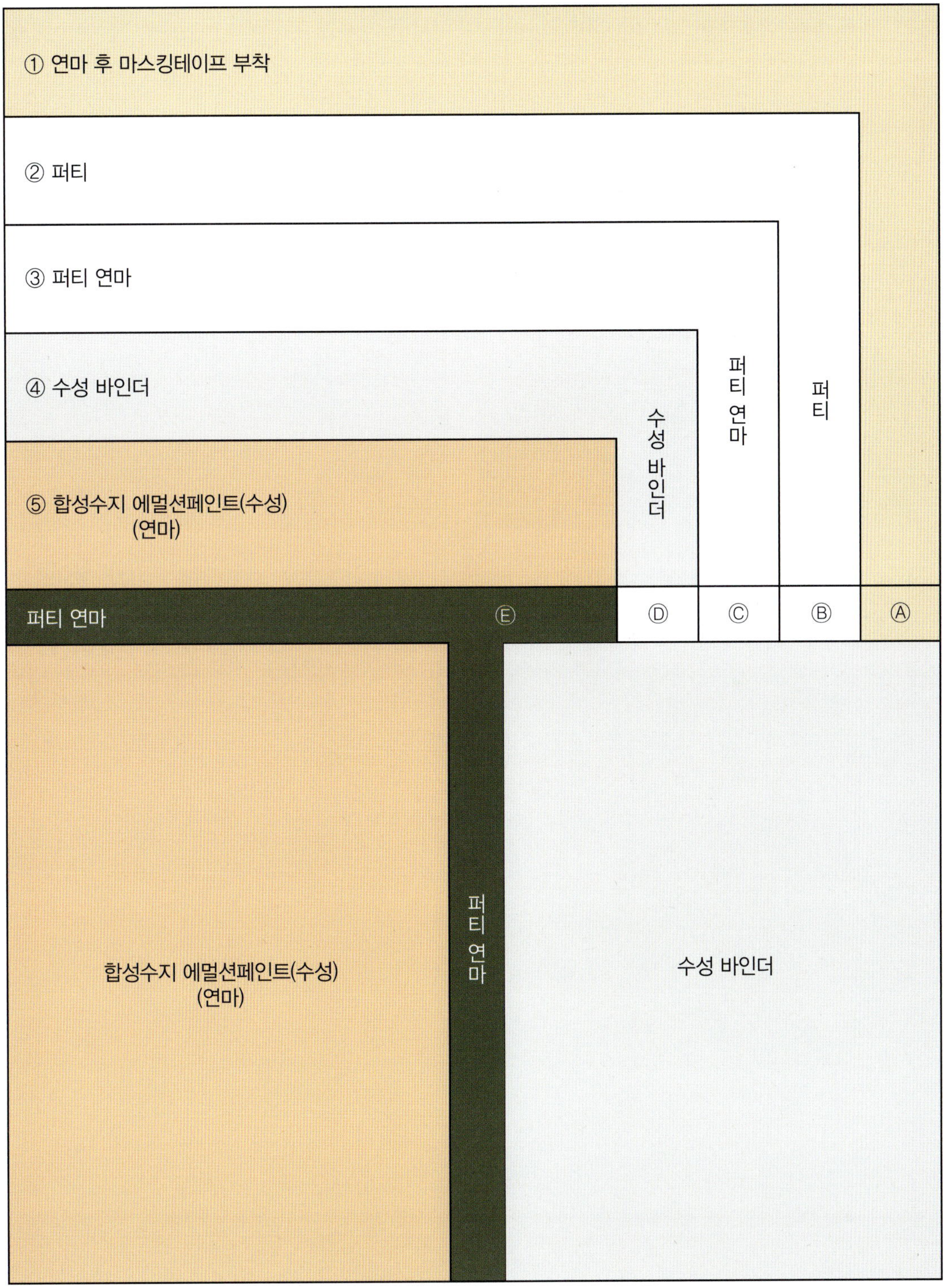

① 연마 후 마스킹테이프 부착

② 퍼티

③ 퍼티 연마

④ 수성 바인더

⑤ 합성수지 에멀션페인트(수성) (연마)

퍼티 연마 　Ⓔ　Ⓓ 수성 바인더　Ⓒ 퍼티 연마　Ⓑ 퍼티　Ⓐ

합성수지 에멀션페인트(수성) (연마)

퍼티 연마

수성 바인더

7 연마 완료 후 먼지 제거용 솔을 사용하여 연마가루를 깨끗이 제거한다. 이 경우에도 연마 후 솔을 이용하여 깨끗이 털었다하더라도 미세한 가루가 표면에 남아있기 때문에 이것을 제거해줄 필요가 있다. 이 경우에도 젖은 걸레(물기를 최대한 빼서 사용)나 물티슈 등을 사용하면 좋다.

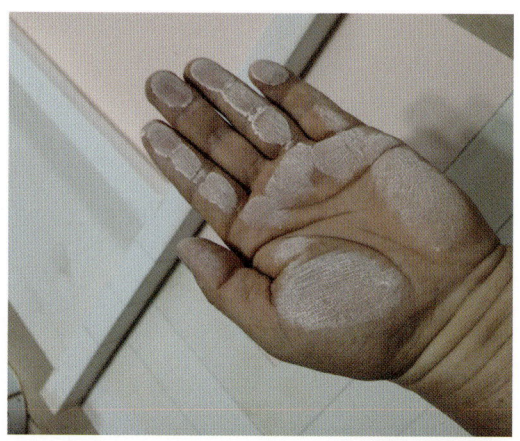

8 합성수지 에멀션(수성페인트) 상도 2회 도색 작업을 한다.

합성수지 에멀션(수성)페인트

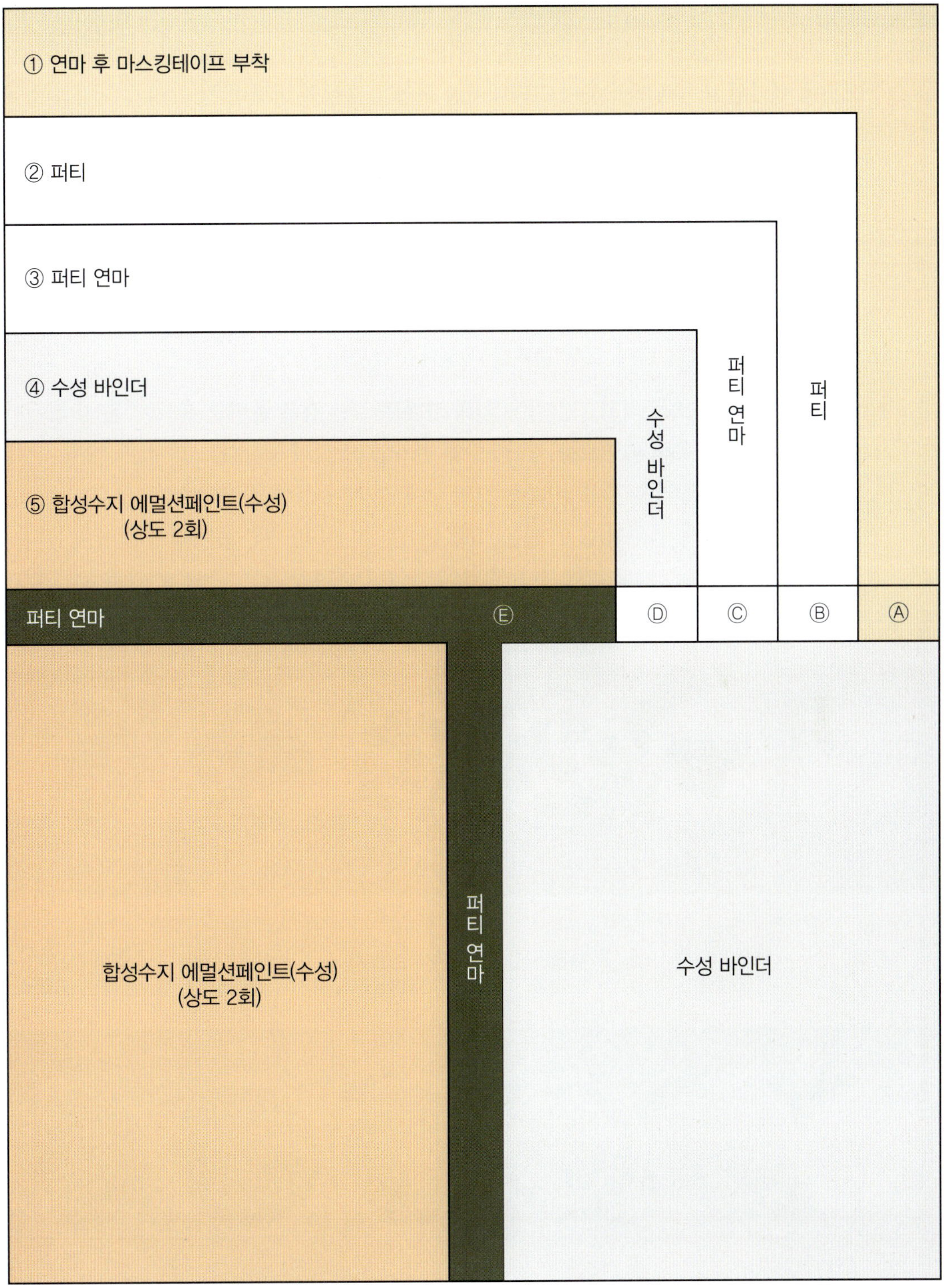

① 연마 후 마스킹테이프 부착

② 퍼티

③ 퍼티 연마

④ 수성 바인더

⑤ 합성수지 에멀션페인트(수성) (상도 2회)

| Ⓔ | Ⓓ | Ⓒ | Ⓑ | Ⓐ |

퍼티 연마 | 수성 바인더 | 퍼티 연마 | 퍼티

합성수지 에멀션페인트(수성) (상도 2회)

퍼티 연마

수성 바인더

6 ▶ 【과제5】 그라데이션 도색 작업

1 도면에 명기된 내용을 작도하여 그라데이션 작업을 수행할 바탕면 선 그리기 작업을 수행한다.

2 도면에 명기된 내용을 기준해 백색과 흑색 합성수지 에멀션페인트를 준비해 그라데이션 효과를 내기 위한 조색 작업을 수행한다.

① 컵 6개를 준비하여 컵 5개에 각각의 흰색 페인트를 3스푼씩 담고, 1개의 컵에는 흑색(검은색) 착색제를 담아 조색 준비를 마친다.

② 각각의 컵에 번호를 적고 1번 컵은 흰색 그대로, 2번 컵은 준비한 흑색(검은색) 컵에서 교반 막대를 사용해 페인트를 찍어 5방울 첨가해 잘 섞어 놓는다.
3번 컵에는 흑색(검은색)을 10방울 정도 넣어 잘 저어 섞어 놓는다.
4번 컵에는 흑색(검은색)을 15방울, 5번 컵에는 흑색(검은색)을 20방울 섞어 놓는다.

③ 6번 컵은 흑색(검은색) 착색제이기 때문에 흰색 수성페인트를 1~2방울 섞어 놓는다.

1번	2번	3번	4번	5번	6번
흰색	흑색(검은색) 5방울	흑색(검은색) 10방울	흑색(검은색) 15방울	흑색(검은색) 20방울	흑색(검은색) (흰색 1~2방울)

③ 작은 붓을 사용하여 조색판에 1번부터 6번까지 차례대로 인접하게 칠을 해놓고 그라데 이션 효과가 나는지 확인한다.

3 그라데이션 작업을 수행할 때 붓칠 작업 방법에 의거해 도색 작업을 수행한다.

① 각목과 접해 있는 부분 작업 시에는 작은 평붓을 사용해서 각목 부분에 침범하지 않도록 심혈을 기울여 도장 작업을 수행하도록 한다.

② 붓칠 작업 전 붓의 털을 손가락으로 훑어서 밀착력이 떨어지는 털 및 먼지나 불순물을 제거하고 사용한다.

③ 도장 작업 시 붓을 도료의 통에 깊숙이 담가 자루 부분에 도료가 묻지 않게 80% 정도만 묻혀서 사용한다.

④ 붓의 털이 일정한 방향으로 유지되도록 하여 도장한다.

⑤ 수성도료 및 유성도료에 사용한 붓을 혼용하여 사용하지 않도록 한다.

⑥ 도장 결함이 생기지 않도록 심혈을 기울여 도장 작업을 한다.

⑦ 작은 평붓을 사용하여 그라데이션 선긋기 작업된 라인 부분의 칠 작업을 수행하여 인접한 부분으로 침범하지 않도록 작업을 수행하고 2인치 평붓을 사용하여 전체적으로 마감 작업을 수행한다.

그라데이션 작업 1

그라데이션 작업 2

⑧ 6번 컵의 흑색(검은색) 조색 페인트를 사용하여 1차적으로 도색 작업을 수행한다. 흑색(검은색)이 마르는 시간을 고려해 바로 옆 부분의 짙은 회색 작업을 하지 않고, 반대편에 1번 흰색 도색 작업을 2차적으로 도색 작업한다.

⑨ 흰색 작업 완료 후 바로 옆 부분의 아주 연한 회색 작업을 하지 않고, 한 칸 건넌 부분에 3번 컵의 연한 회색 페인트를 사용해 3차 도색 작업을 수행한다.

⑩ 5번 컵의 아주 진한 회색 페인트를 사용하여 흑색(검은색) 옆 부분에 4차 도색 작업을 수행한다.

⑪ 4번 컵의 진한 회색 페인트를 사용하여 아주 진한 회색과 연한 회색 사이에 5차 도색 작업을 수행한다. 이때 경계 부분을 확실하게 건조시킨 후 도색 작업을 수행하도록 한다.

⑫ 2번 컵의 아주 연한 회색 페인트를 사용하여 백색 옆 부분에 마지막 6차 도색 작업을 수행한다.

그라데이션 작업 3

그라데이션 작업 4

그라데이션 작업 5

그라데이션 완성

그라데이션 조색 비교

그라데이션 도장 작업이 완성된 도면

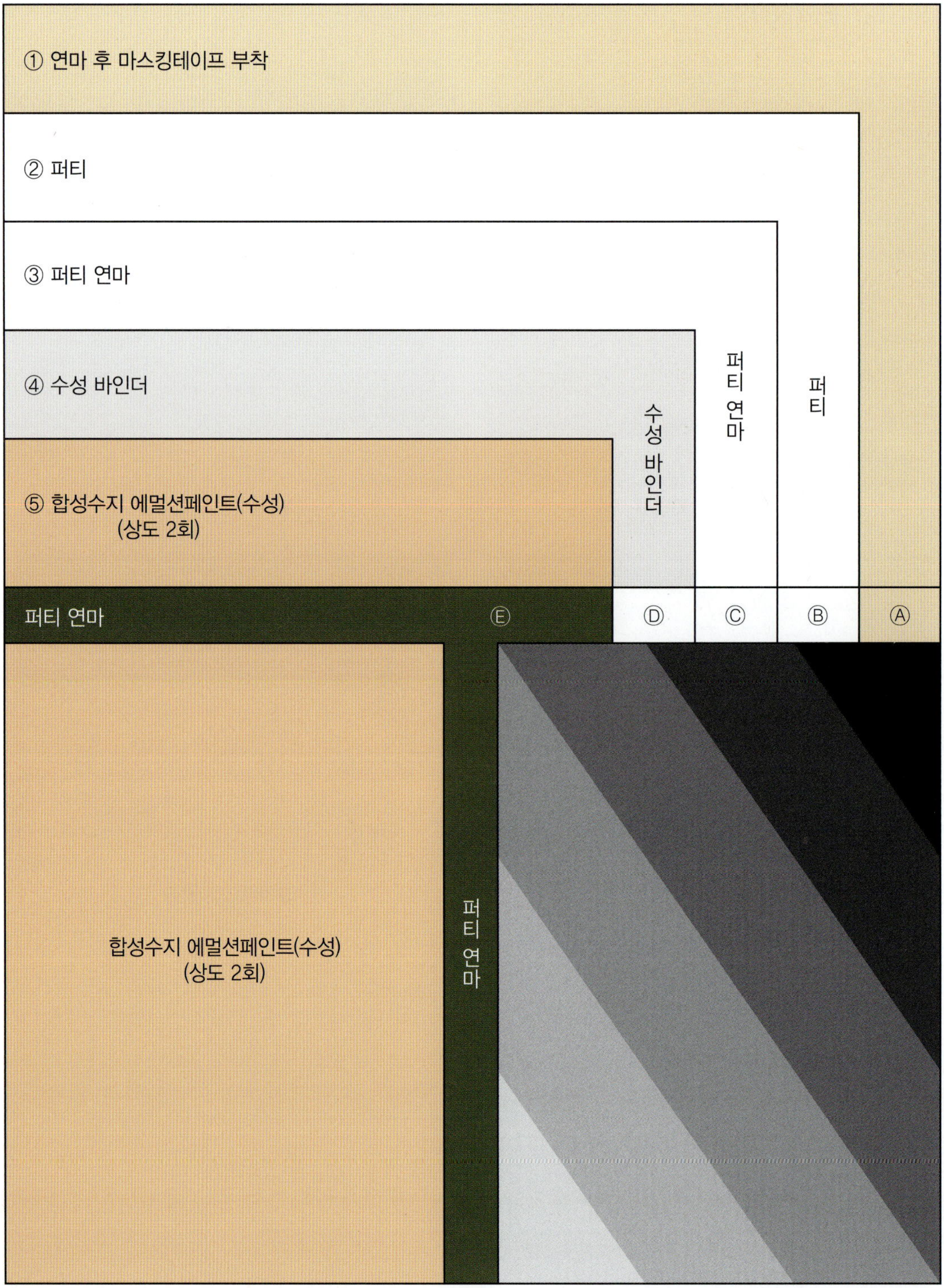

① 연마 후 마스킹테이프 부착

② 퍼티

③ 퍼티 연마

④ 수성 바인더

⑤ 합성수지 에멀션페인트(수성) (상도 2회)

퍼티 연마

합성수지 에멀션페인트(수성) (상도 2회)

퍼티 연마

퍼티

퍼티 연마

수성 바인더

Ⓐ Ⓑ Ⓒ Ⓓ Ⓔ

7 【과제3】 문자도안 작업 요령

1 합성수지 에멀션페인트 작업을 마친 후 건조가 이루어질 때까지 다음 작업으로 지급받은 A4 트레이싱모눈종이에 문자도안 작업을 시행하도록 한다.

2 문자도안 작업 요령

건축도장기능사 시험에서 요구하는 문자는 [서울 / 인천 / 울산 / 광주 / 충남 / 강원]으로 6개이다. 하지만 시험 시 1~2개 정도는 교체 출제될 수 있으니 6개 도안 뿐만 아니라 타 문자의 기본 작도 방법에 대해 연습을 해야 한다. 문자는 135mm×100mm의 직사각형 안에 주어진 문자를 외곽에 최대한 크게 작도해야 하기 때문에 문자가 요구하는 기하학적 특징을 살려 작도할 수 있도록 연습을 해야 한다.

① "ㄱ, ㄴ, ㄷ, ㄹ, ㅁ, ㅂ, ㅈ, ㅋ, ㅌ, ㅍ"의 자음의 크기는 가로 30mm, 세로 35mm로 작도하고, 글자 폭은 10mm로 작도한다. 단, 초성에 사용될 경우의 자음은 세로 30mm로 작도한다.

② "ㅇ"의 초성 및 종성의 크기는 가로 30mm, 세로 30mm로 하고, 글자 폭은 10mm로 작도한다.

③ "ㅅ"의 초성 자음의 크기는 가로 30mm, 세로 35mm로 하고, 글자 폭은 10mm로 작도한다.

④ "ㅊ"의 초성 자음의 크기는 가로 30mm, 세로 40mm로 하고, 글자 폭은 10mm로 작도한다. "ㅊ"의 윗부분은 가로 20mm, 세로 7mm로 작도한다.

⑤ "ㅎ"의 초성 자음의 크기는 가로 30mm, 세로 45mm로 작도하고, "ㅎ"의 윗부분 길이는 가로 20mm, 세로 7mm로 작도한다.

⑥ "ㅏ, ㅑ, ㅓ, ㅕ"의 중성 모음은 길이는 70mm, 폭은 20mm로 작도하고, 글자 폭은 10mm로 작도한다.

⑦ "ㅗ, ㅛ, ㅜ, ㅠ"의 중성 모음은 길이 30mm, 높이는 20mm로 작도하고 글자 폭은 10mm로 작도한다.

⑧ 세로 모음(중성)과 받침(종성)과는 5mm 겹치도록 작도한다.

⑨ 첫 글자 자음은 상단부에서 5mm 띄워서 작도하고, 왼쪽 끝에서 시작해 오른쪽으로 작도 한다.

⑩ 모든 중성 모음은 상단부로부터 5mm 띄지 않고 70mm 길이로 작도한다.

⑪ 초성과 중성 사이의 간격은 10mm 간격을 주도록 하여 작도한다.

3 문자도안 작업을 마쳤는데도 아직 수성(합성수지 에멀션)페인트 상도 작업이 건조가 되지 않았을 경우에는 【과제5】의 그라데이션 작업을 위한 작도를 시행하도록 한다.

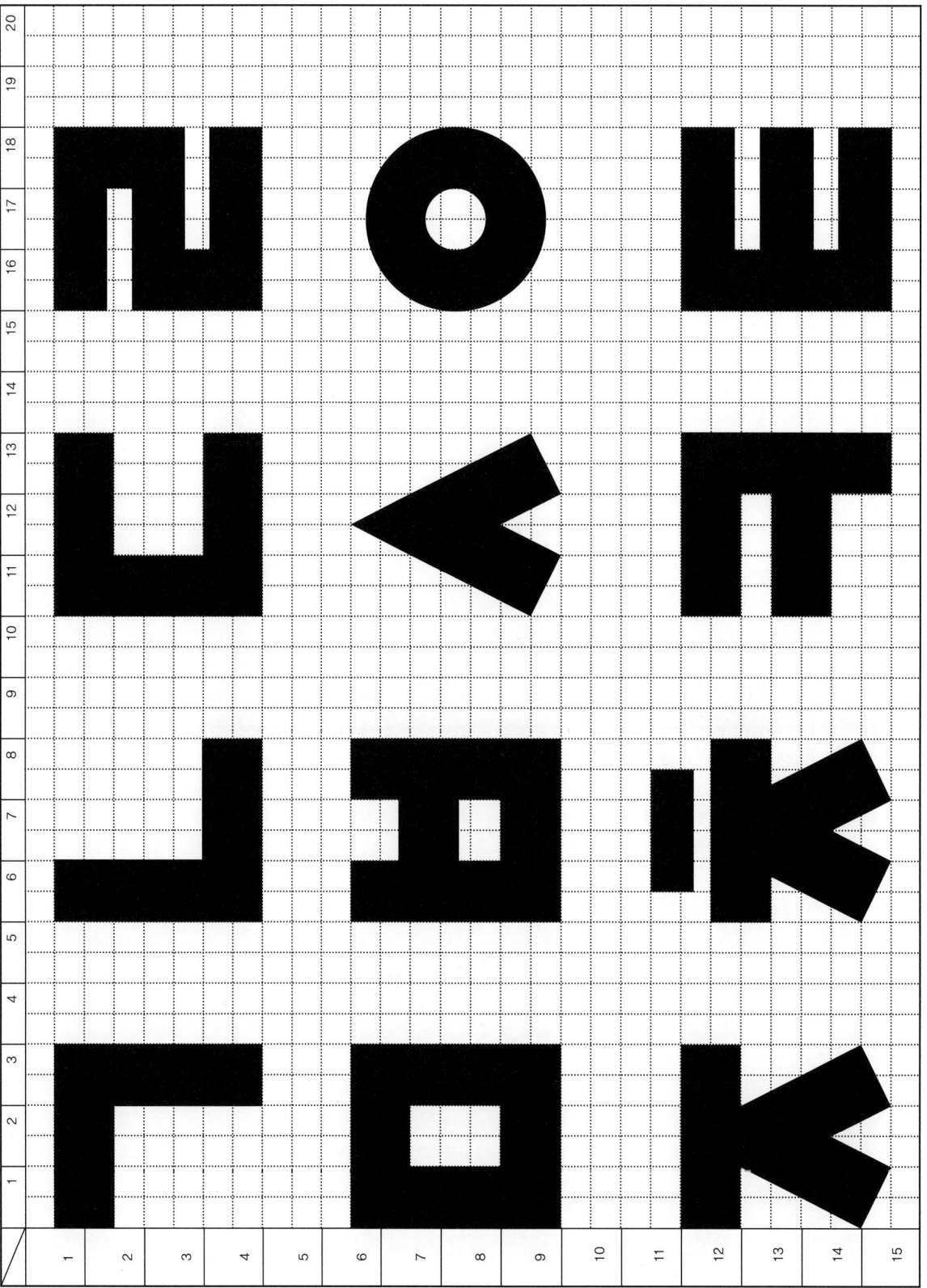

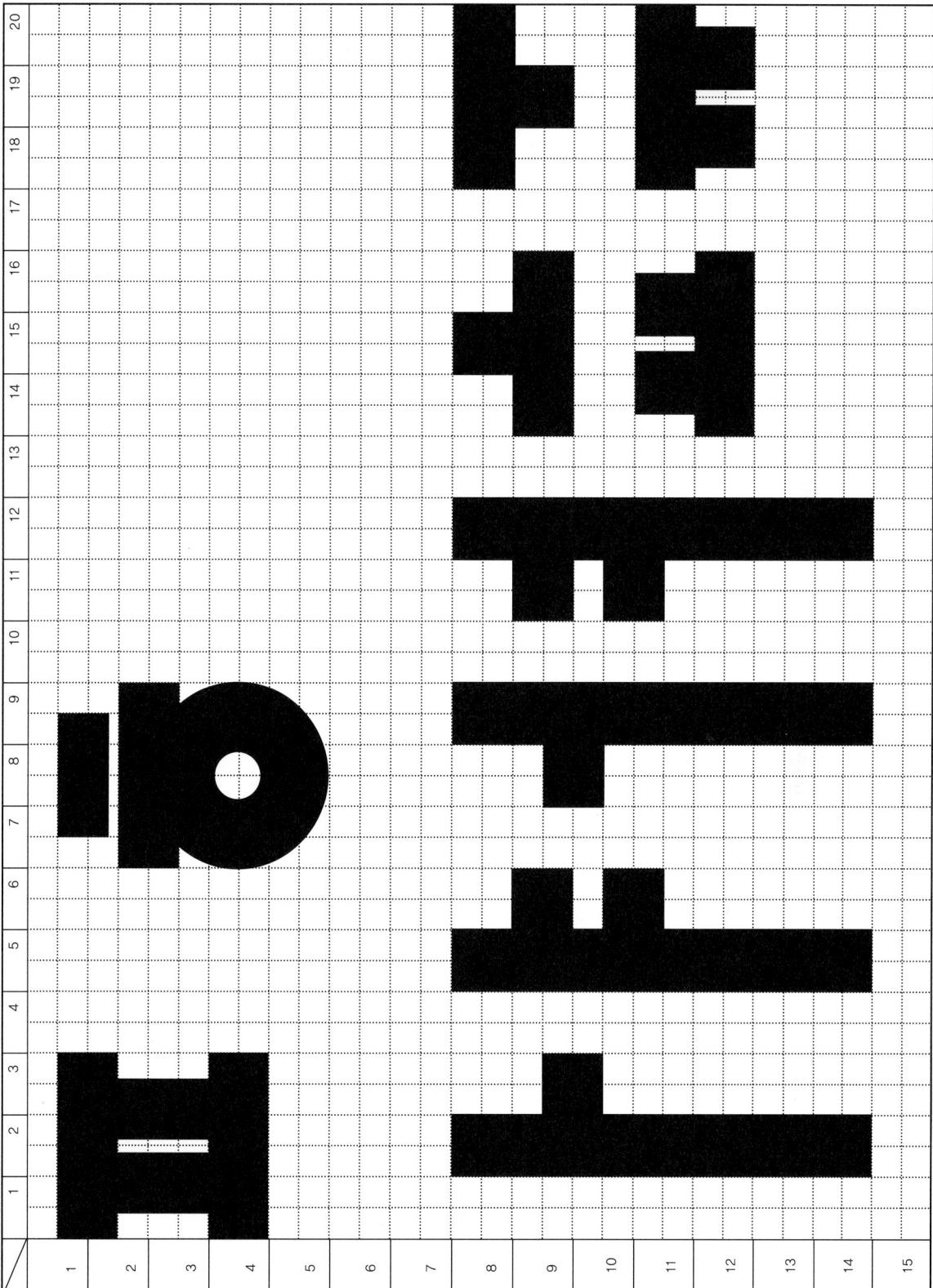

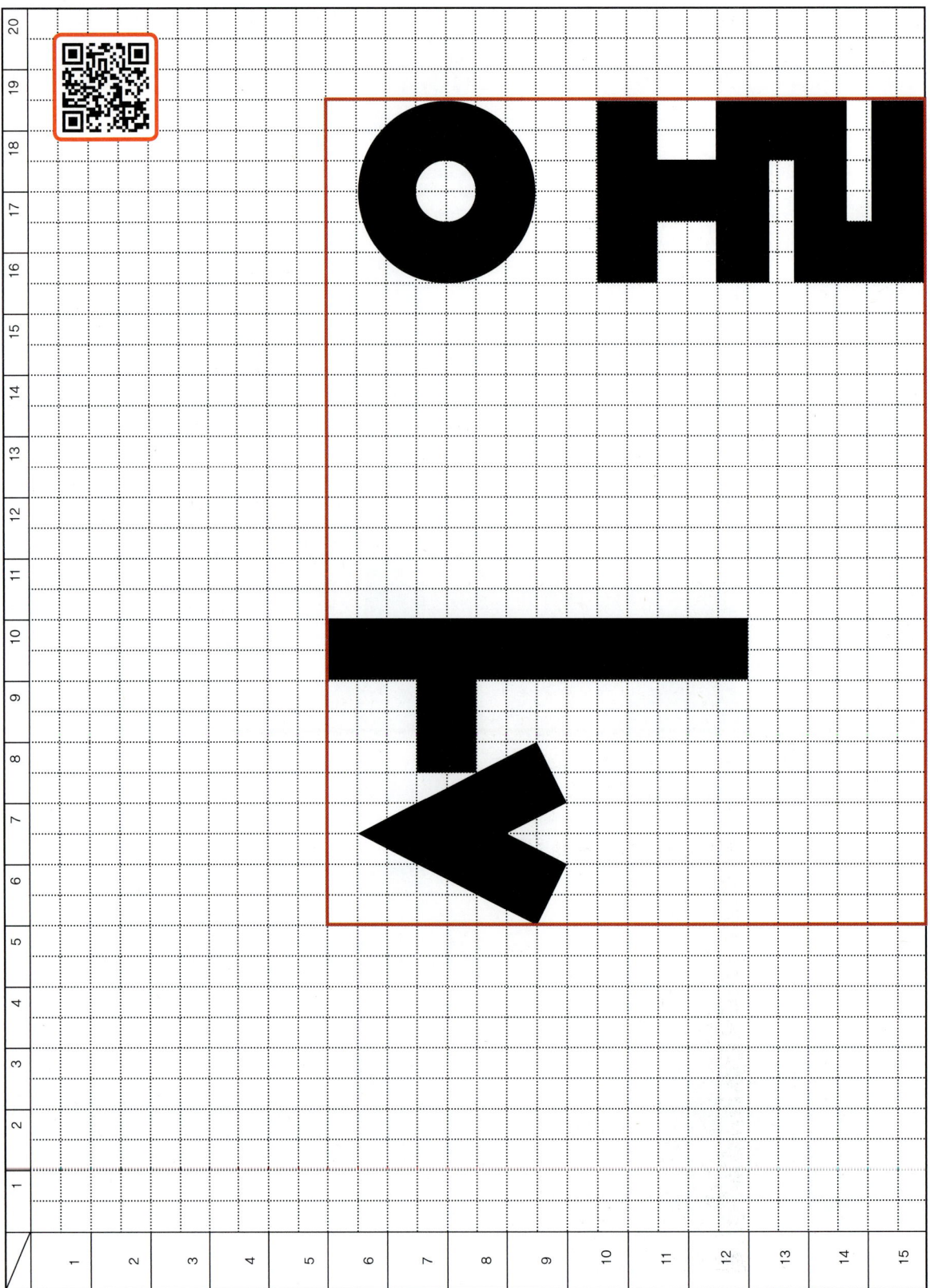

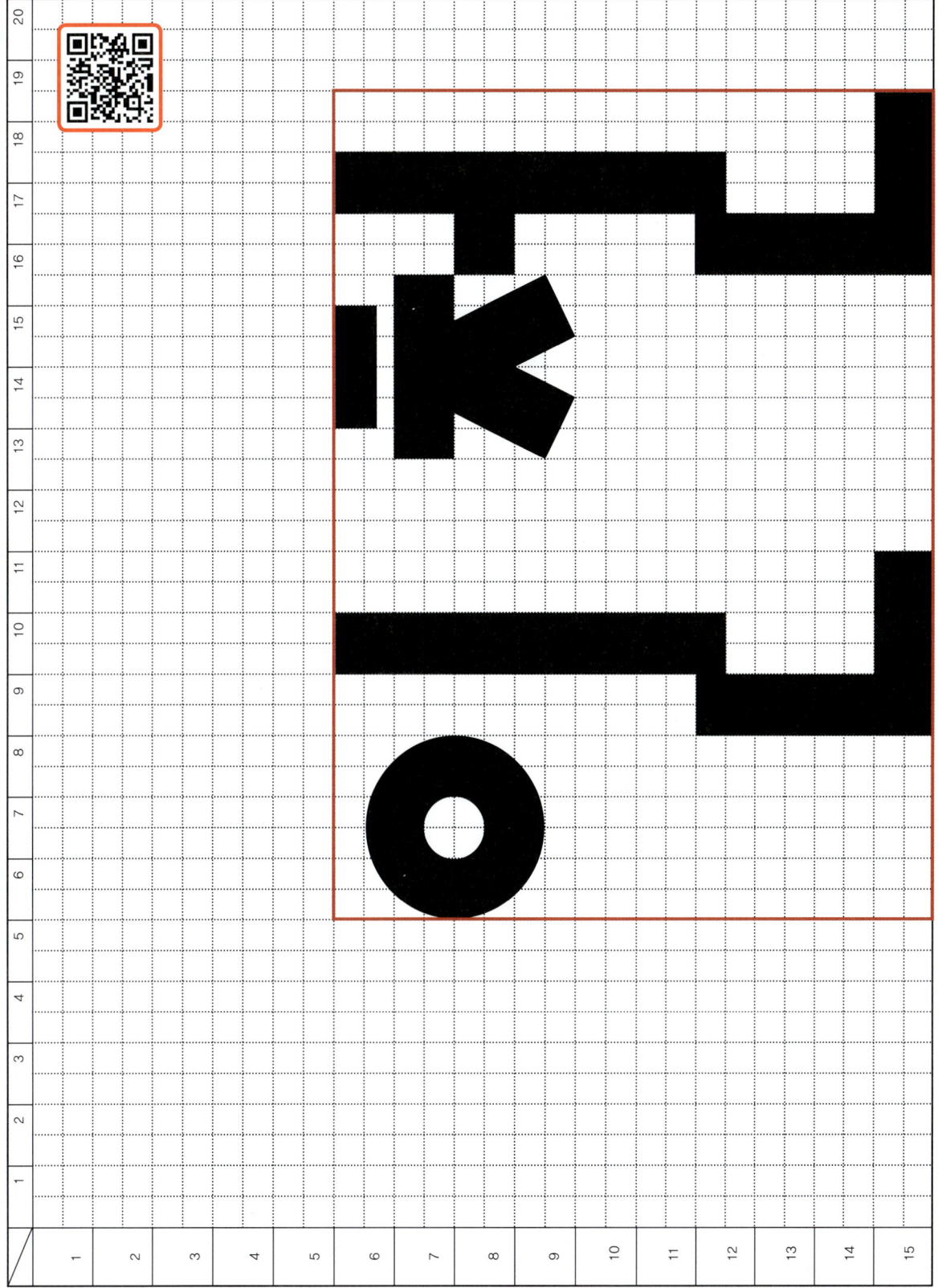

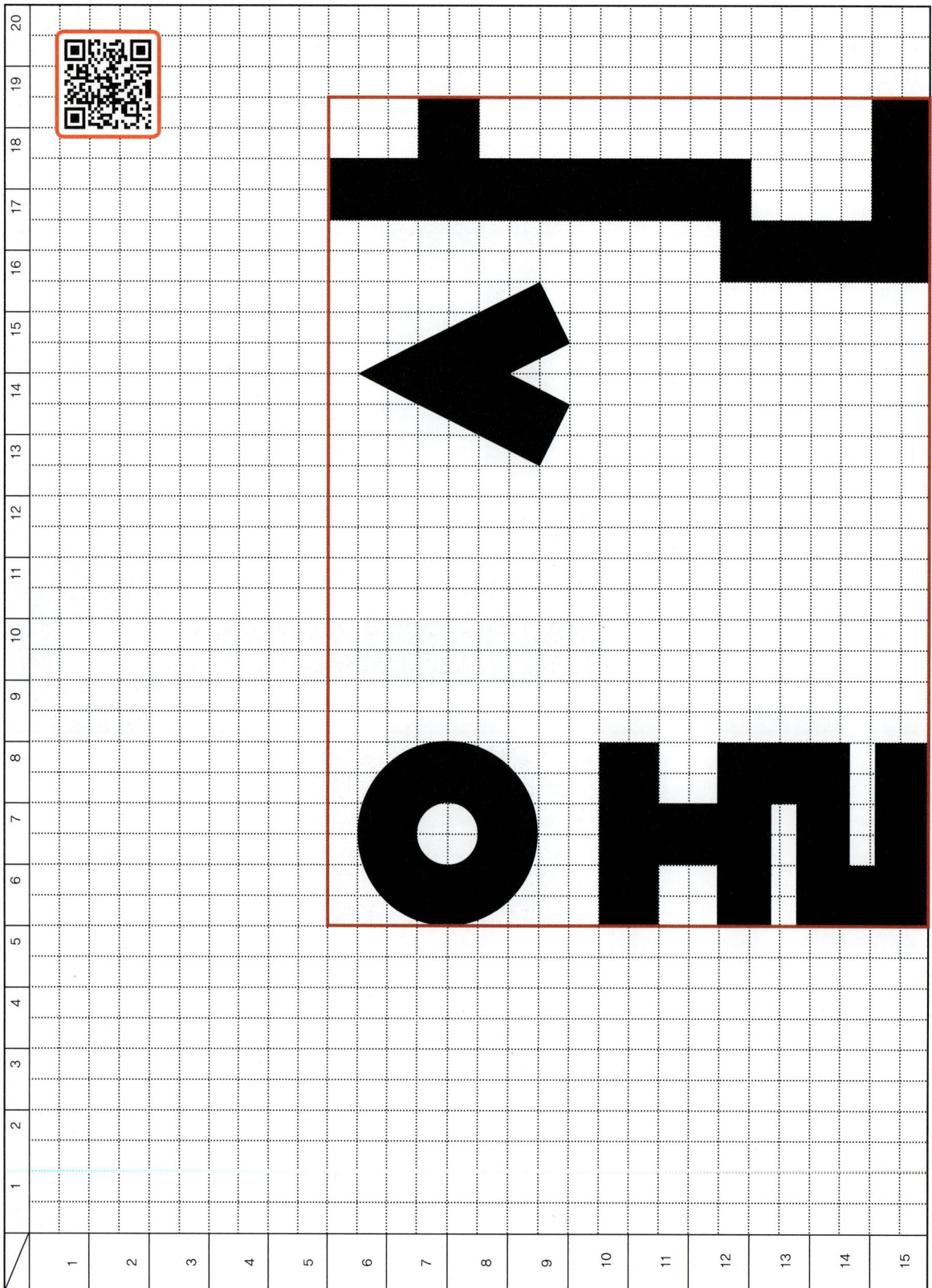

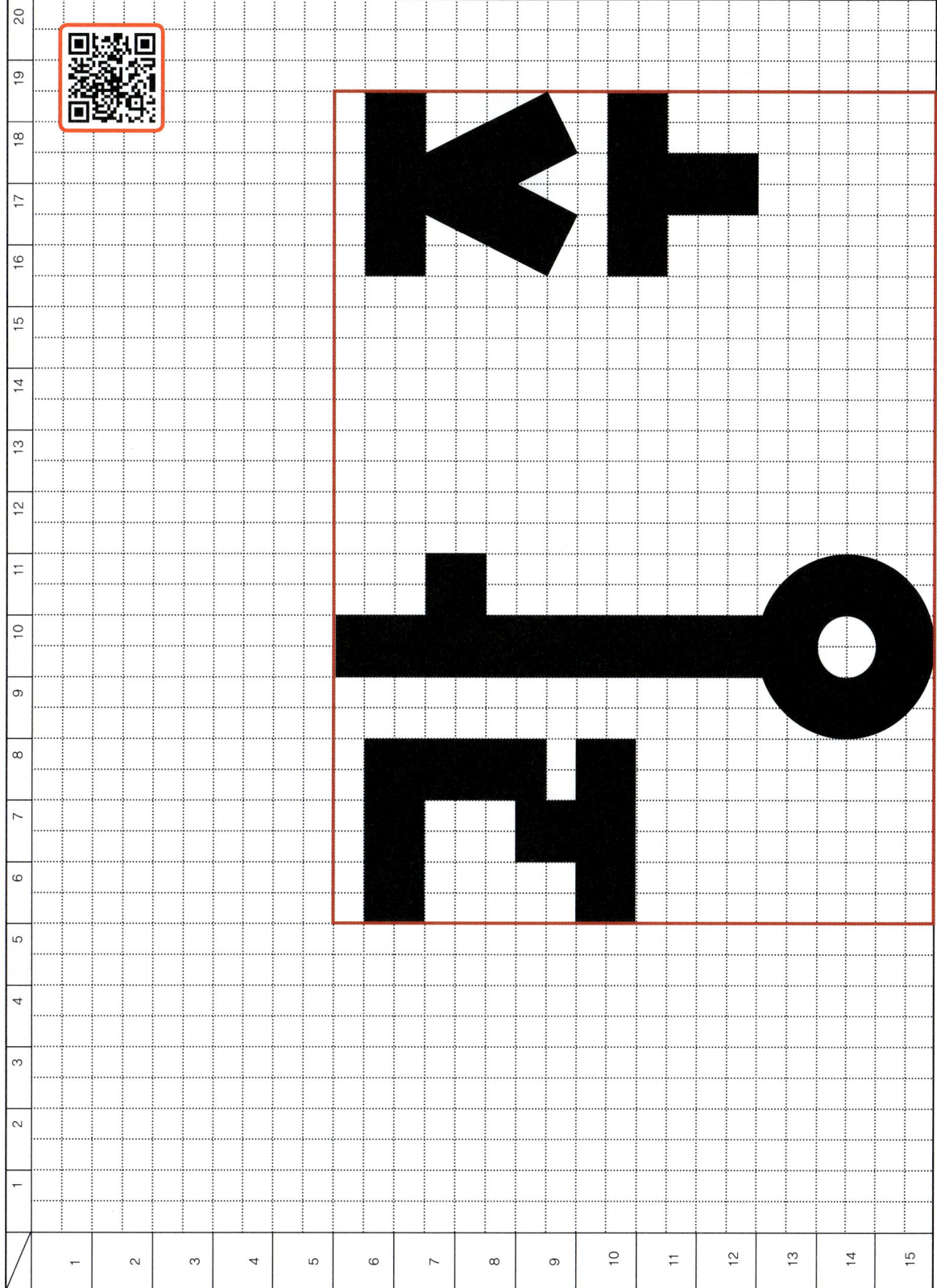

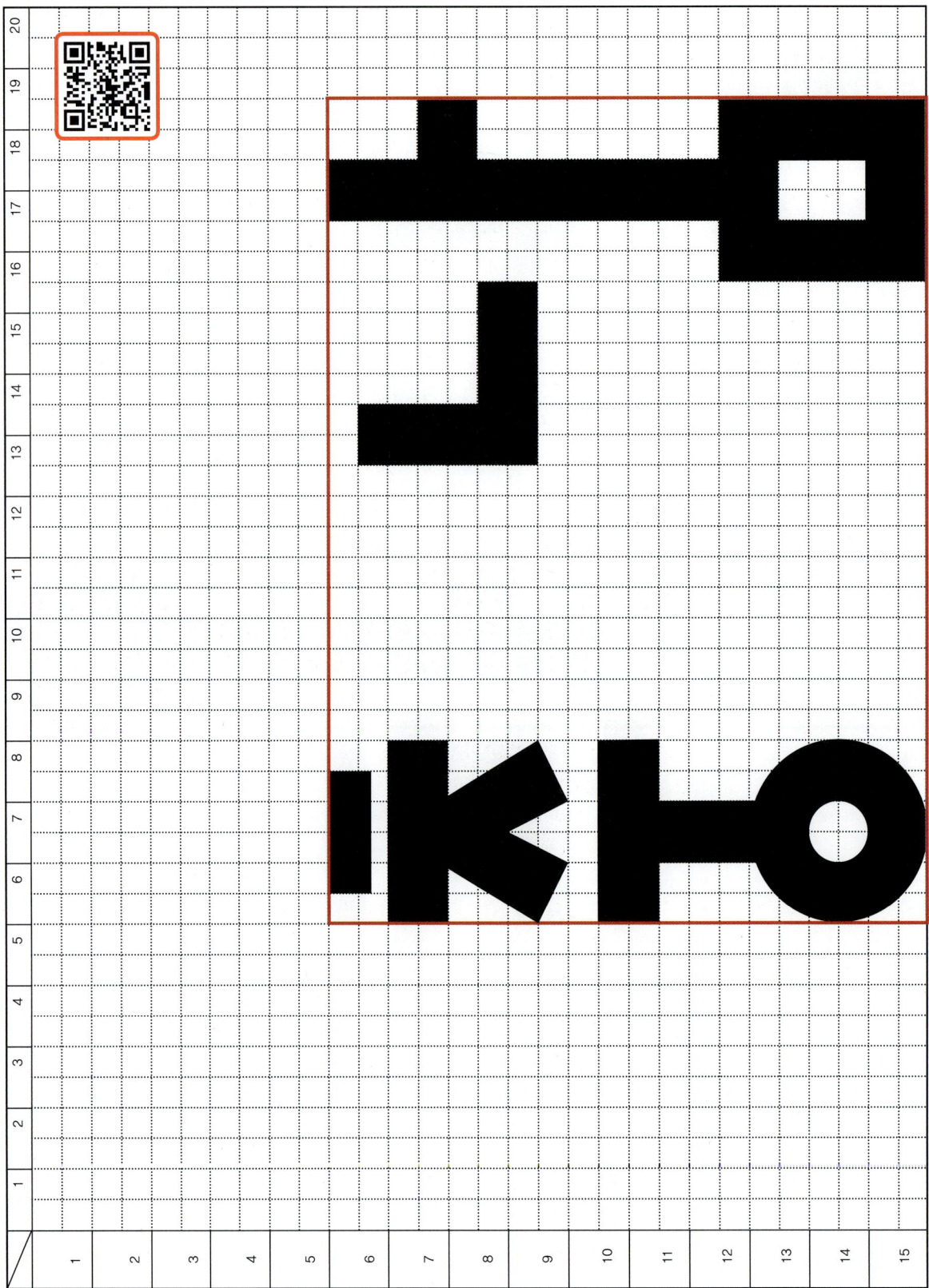

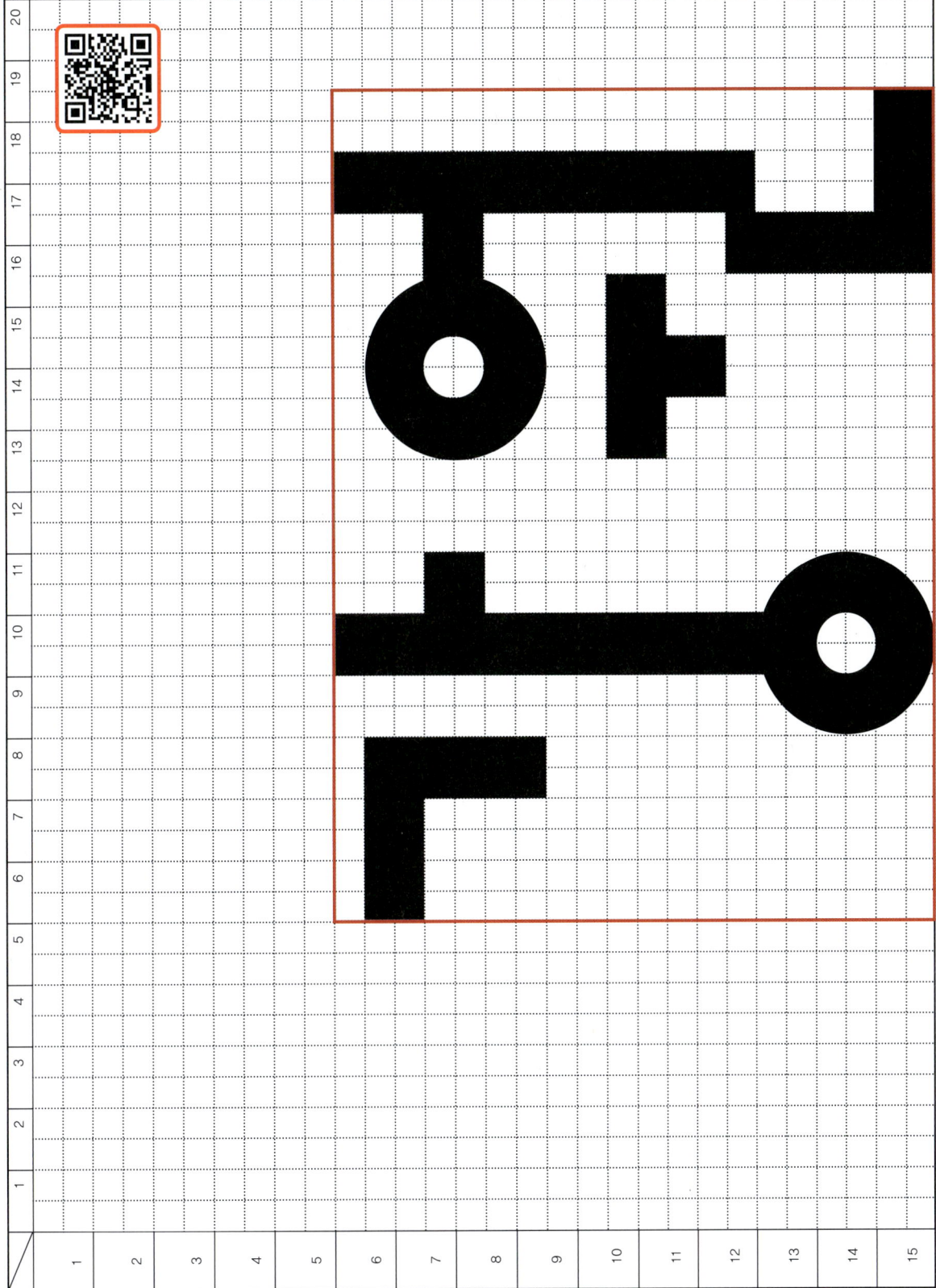

8 ▶ 【과제3】 문자도안 작업

1 합성수지 에멀션(수성)페인트 2차 상도 작업 완료 후, 완전 건조한 상태에서 지급받은 트레이싱모눈종이를 사용하여 문자도안을 작업판에 옮겨 그린다.
  ① 문자 작도 요령에 의거 주어진 과제를 트레이싱모눈종이에 HB연필로 작도한다.
  ② 트레이싱지를 뒤집어 2B 또는 4B의 아주 진한 연필로 1차 작도한 선을 2차적으로 다시 작도한다.
  ③ 작도 완성한 트레이싱지를 다시 뒤집어 작업판에 도면 치수에 맞춰 테이핑한 후 HB연필로 그리기 작업을 수행하여 진한 연필로 본뜬 것을 작업판에 복사한다.

2 지정된 문자도안 견본색을 조색한다.
  ① 빈 컵에 백색 페인트를 적당량 준비하고 파란색과 노란색을 3 : 7 비율로 배합하여 연두색을 조색한다.
  ② 연두색에 흑색(검은색) 착색제를 나무로 찍어 한 방울씩 떨어뜨려 배합해보면서 조색작업을 수행한다.

3 글자전용 소형 평붓을 사용하여 작업판에 옮겨 그린 도안에 채색 작업한다.
  ① 지정된 문자도안 서울을 135mm×100mm 직사각형 안에 최대한 꽉 차게 작도한다.
  ② 첫 번째 글자 초성 자음 "ㅅ"의 크기는 가로 30mm, 세로 35mm로 작도하되, 주어진 135×100mm 직사각형 왼쪽 라인에 붙이고, 상단부에서 5mm 내려서 작도한다.
  ③ 첫 번째 글자 중성 모음 "ㅓ"의 크기는 가로 20mm, 세로 70mm로 그리며, 초성 자음에서 우측으로 10mm 떨어진 위치에 작도한다.
  ④ 두 번째 글자의 초성 자음 "ㅇ"은 지름 30mm로 그리며, 글자 폭은 10mm로 그리고 상단부에서 5mm 내려서 그린다.
  ⑤ 중성 모음 "ㅜ"는 가로 30mm, 세로 20mm로 그리며, 글자 폭은 10mm로 그린다.
  ⑥ 중성 자음 "ㄹ"은 가로 30mm, 세로 35mm로 그리며, 글자 폭은 9mm로 그린다.

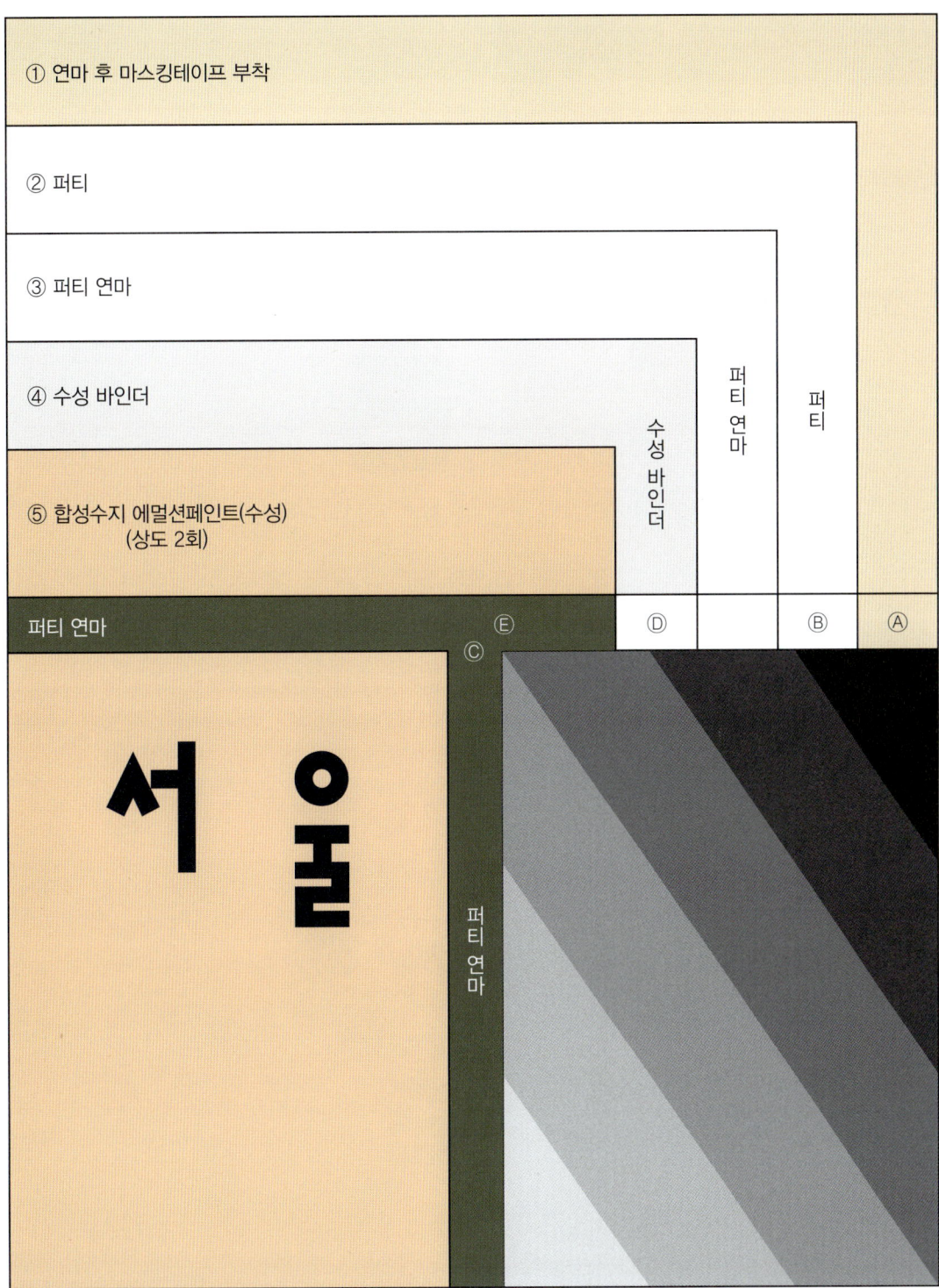

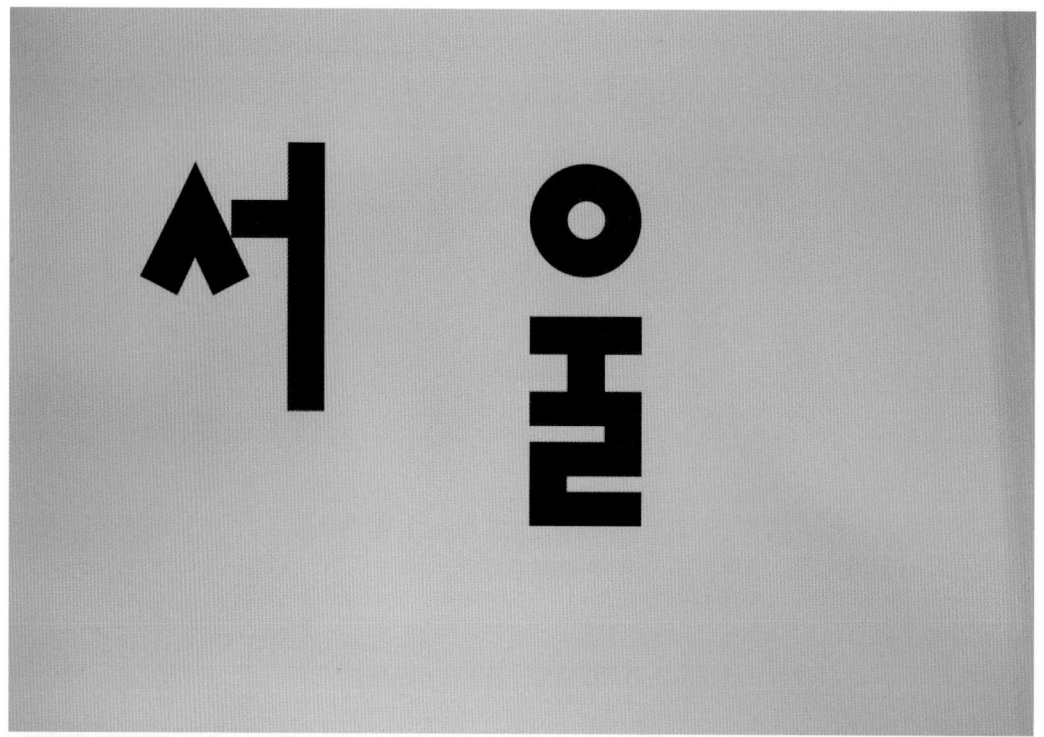

9 ▶ 【과제4】 에나멜페인트 흑색 도장 작업

1️⃣ 수성 상도 작업 마무리 후 도면의 도형을 그리고 도색 작업을 한다.

2️⃣ 에나멜페인트 흑색(검은색)을 빈 컵에 1스푼 정도 준비한다. 에나멜 전용 시너를 사용하여 붓칠 작업을 할 수 있는 점도로 희석시켜 놓는다. 이 경우 래커시너를 사용하지 않도록 냄새로 확인할 필요가 있다(래커시너 : 휘발유 냄새, 에나멜시너 : 생선비린내 냄새가 난다).

에나멜시너를 넣은 경우

래커시너를 넣은 경우

3️⃣ 도형 작업용 유성 에나멜용 평붓을 준비하고 모서리 부분의 마무리용 소형 평붓과 소형 그림붓을 준비한다.

도형 전용 붓

모서리 부분 도형 전용 붓

4 도면에 제시된 형태로 왼쪽에서 55mm, 하단에서 40mm인 부분에 200mm×150mm로 직사각형 도안 작업을 한다.

5 직사각형 테두리는 폭 20mm로 도안 작업을 한다.

600mm, 300mm, 150mm 스테인리스자

도형 작업 선긋기 작업

도형 작업 완성 1

도형 작업 완성 2

6 제1형 도형 그리는 방법

① 공개된 도면에서 제시된 형태로 도형의 좌측 하단부 한 점을 작업판 왼쪽에서 55mm, 아래쪽에서 40mm 부분에 찍어 이 점을 기준으로 하여 가로 100mm, 세로 150mm 직사각형 도형의 4개의 점을 찍는다.

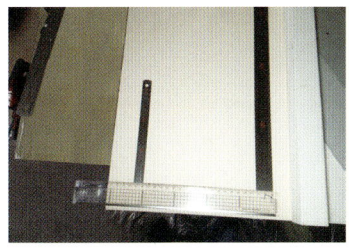

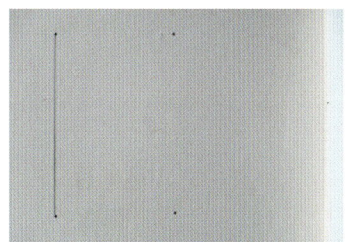

② 4개의 점 중에서 좌측 2점을 연결하여 선을 그리고, 이 선을 기준으로 하여 우측으로 100mm되는 지점에 평행한 선을 그린다. 그려진 두 개의 선을 위에서 부터 20mm, 40mm, 60mm, 90mm, 110mm, 130mm로 분할하여 점을 찍는다.

③ 제1형 도형 형태로 좌측선을 기준으로 12개의 추가점들을 찍는다.
  ㈎ 위에서 첫 번째 분할선에 300mm자를 왼쪽 기준선에 200mm 표시 부분에 맞추고 180mm, 20mm 부분에 2점을 찍는다.
  ㈏ 위에서 두 번째 분할선에 300mm자를 왼쪽 기준선에 200mm 표시 부분에 맞추고 160mm, 40mm 부분에 2점을 찍는다.
  ㈐ 위에서 세 번째 분할선에 300mm자를 왼쪽 기준선에 200mm 표시 부분에 맞추고 140mm, 60mm 부분에 2점을 찍는다.
  ㈑ 위에서 네 번째 분할선에 300mm자를 왼쪽 기준선에 200mm 표시 부분에 맞추고 140mm, 60mm 부분에 2점을 찍는다.
  ㈒ 위에서 다섯 번째 분할선에 300mm자를 왼쪽 기준선에 200mm 표시 부분에 맞추고 160mm, 40mm 부분에 2점을 찍는다.
  ㈓ 위에서 여섯 번째 분할선에 300mm자를 왼쪽 기준선에 200mm 표시 부분에 맞추고 180mm, 20mm 부분에 2점을 찍는다.

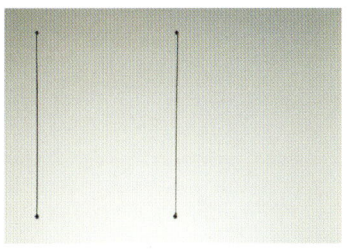
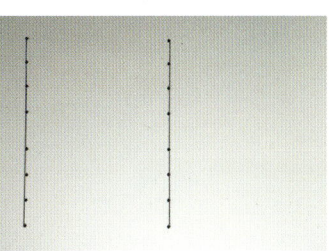
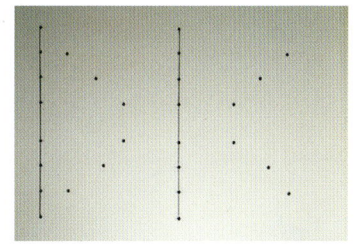

④ 제1형 도형 형태로 찍은 점들을 연결하여 선긋기 완성한다.

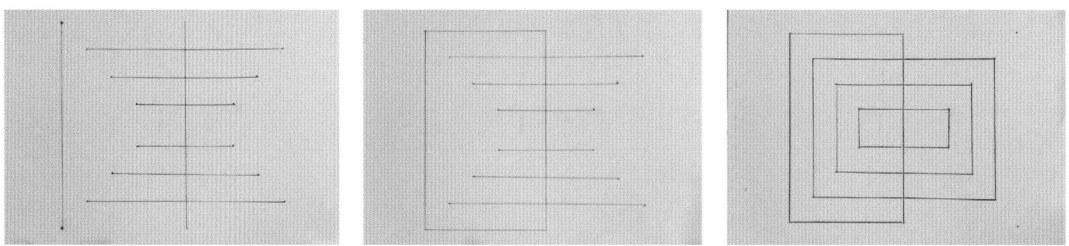

⑤ 제1형 완성 도형에서 색칠해야 할 부분에 빗금을 쳐 둠으로써 엉뚱한 곳에 색칠하는 누를 범하지 않도록 대비한 후 유성 에나멜페인트 작업을 수행한다.

Chapter 3. 건축도장기능사 실기 실습

도형 작업이 완료된 상태

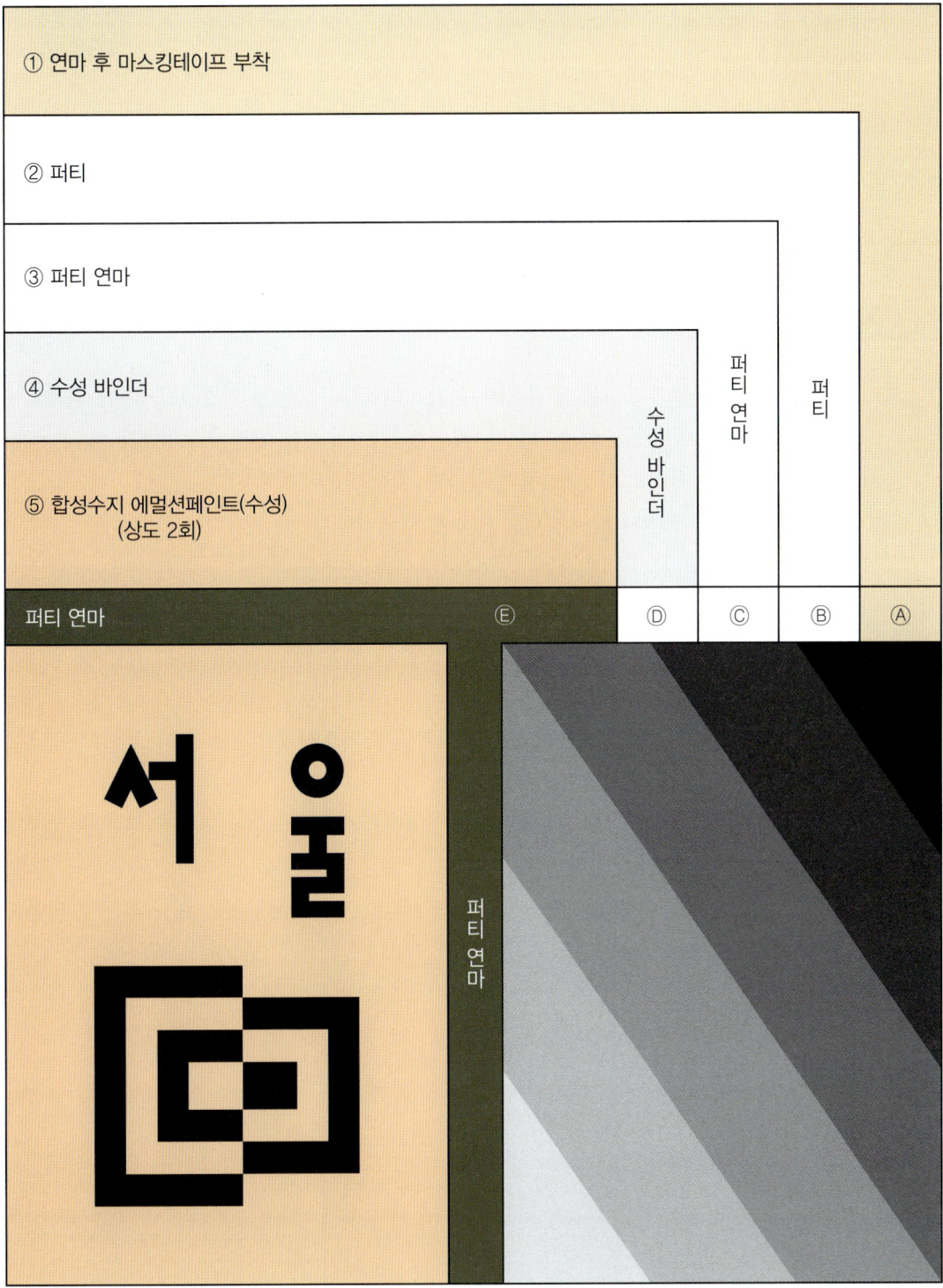

7 제4형 도형 그리는 방법

① 공개된 도면에서 제시된 형태로 도형의 좌측 하단부 한 점을 작업판 왼쪽에서 155mm, 아래에서 40mm 부분에서 이 점을 기준으로 하여 가로 100mm, 세로 150mm 직사각형 도형의 4개의 점을 찍는다.

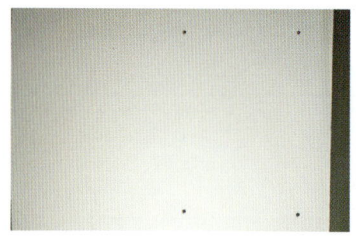

② 4개의 점 중에서 우측 2점을 연결하여 선을 그리고, 이 선을 기준으로 하여 좌측으로 100mm되는 지점에 평행한 선을 그린다. 그려진 두 개의 선을 위에서 부터 20mm, 40mm, 60mm, 90mm, 110mm, 130mm로 분할하여 점을 찍는다.

③ 제4형 도형 형태로 우측선을 기준으로 12개의 추가점들을 찍는다.

    ㈎ 위에서 첫 번째 분할선에 300mm자를 오른쪽 기준선에 0mm 표시 부분에 맞추고 180mm, 20mm 부분에 2점을 찍는다.

    ㈏ 위에서 두 번째 분할선에 300mm자를 오른쪽 기준선에 0mm 표시 부분에 맞추고 160mm, 40mm 부분에 2점을 찍는다.

    ㈐ 위에서 세 번째 분할선에 300mm자를 오른쪽 기준선에 0mm 표시 부분에 맞추고 140mm, 60mm 부분에 2점을 찍는다.

    ㈑ 위에서 네 번째 분할선에 300mm자를 오른쪽 기준선에 0mm 표시 부분에 맞추고 140mm, 60mm 부분에 2점을 찍는다.

    ㈒ 위에서 다섯 번째 분할선에 300mm자를 오른쪽 기준선에 0mm 표시 부분에 맞추고 160mm, 40mm 부분에 2점을 찍는다.

    ㈓ 위에서 여섯 번째 분할선에 300mm자를 오른쪽 기준선에 0mm 표시 부분에 맞추고 180mm, 20mm 부분에 2점을 찍는다.

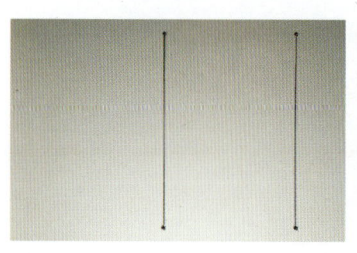
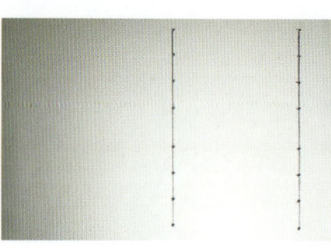
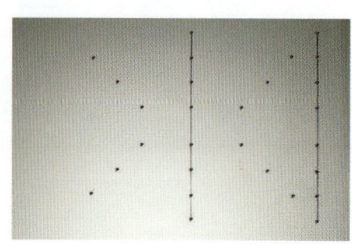

④ 제4형 도형 형태로 찍은 점들을 연결하여 선긋기 완성한다.

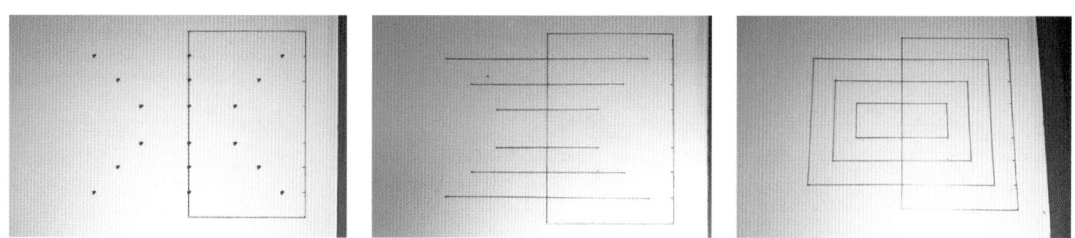

⑤ 제4형 완성 도형에서 색칠해야 할 부분에 빗금을 쳐 둠으로써 엉뚱한 곳에 색칠하는 누를 범하지 않도록 대비한다.

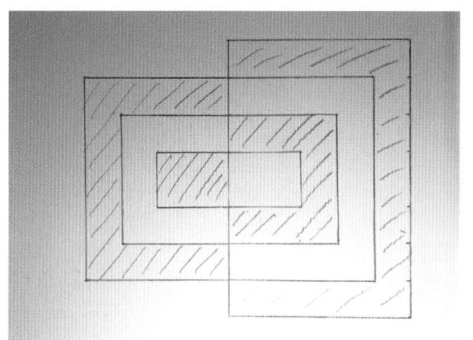

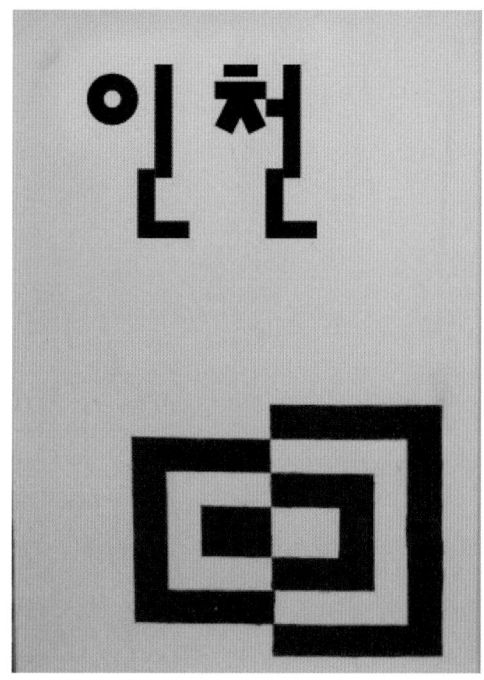

8 제2형 도형 그리는 방법

① 공개된 도면에서 제시된 형태로 도형의 좌측 하단부 한 점을 작업판 왼쪽에서 55mm, 아래에서 40mm 부분에 찍어 이 점을 기준으로 하여 가로 200mm, 세로 150mm 직사각형 도형의 4개의 점을 찍는다.

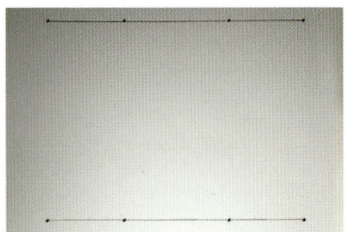

② 도형의 중심 부분에 추가적으로 4점을 찍는다.
  (가) 상단부와 하단부에 두 선을 금긋기한다.
  (나) 두 선을 300mm자의 0mm를 오른쪽 점에 일치시키고, 60mm, 140mm로 등분한다.
  (다) 등분된 두 점에 300mm자의 0mm 부분을 상단부 선에 일치시킨 후, 위에서 60mm, 90mm 지점의 두 점을 찍는다.
  (라) 등분된 나머지 두 점에도 300mm자의 0mm 부분을 상단부 선에 일치시킨 후, 위에서 60mm, 90mm 지점에 두 점을 찍는다.

③ 찍혀진 8개의 점을 대각선 방향으로 선긋기하고 제2형 도형 형태로 선긋기한다.

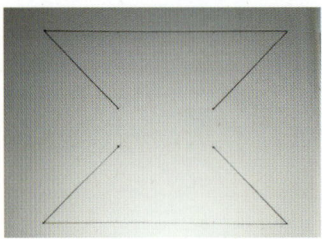
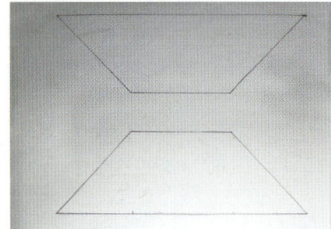

④ 상하단 200mm 선을 300mm 자를 작업한 왼쪽 끝단에 255mm 0점 세팅하여 20mm, 40mm, 60mm, 140mm, 160mm, 180mm로 점을 찍는다.

⑤ 제2형 도형을 완성한다.

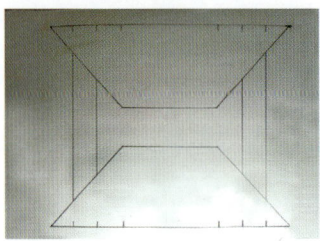
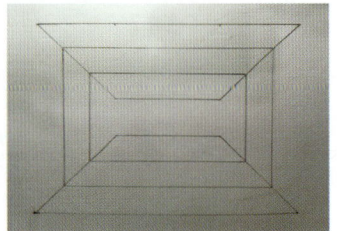

⑥ 완성된 제2형 도형에서 도색할 부분을 빗금으로 표시한 후, 유성 에나멜페인트 작업을 수행한다.

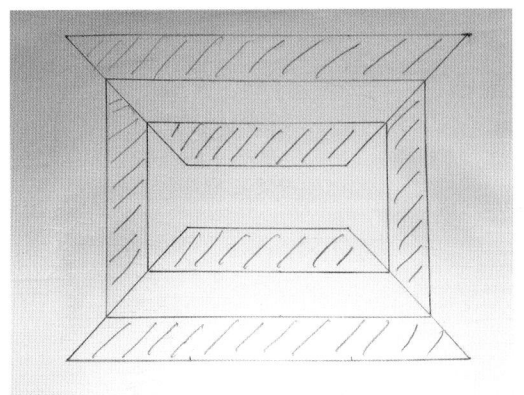

9 제3형 도형 그리는 방법

① 공개된 도면에서 제시된 형태로 도형의 좌측 하단부 한 점을 작업판 왼쪽에서 55mm, 아래에서 40mm 부분에 찍어 이 점을 기준으로 하여 가로 200mm, 세로 150mm 직사각형 도형의 4개의 점을 찍는다.

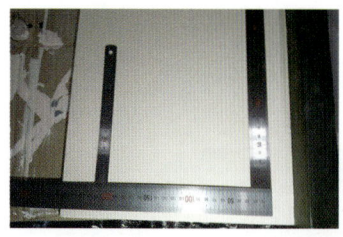

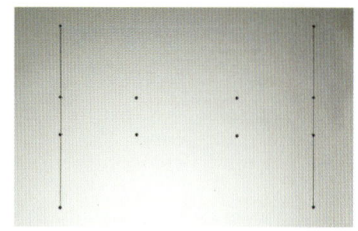

② 도형의 중심 부분에 추가적으로 4점을 찍는다.
  ㈎ 좌측의 두 점 및 우측의 두 점을 연결하여 2개의 수직선을 금긋기한다.
  ㈏ 두 선을 300mm자의 0mm를 선의 윗부분 점에 일치시키고 위에서부터 60mm, 90mm로 등분한다.
  ㈐ 등분된 윗부분 두 점에 300mm자를 수평하게 유지하면서 300mm자의 0mm 부분을 우측 선에 일치시킨 후, 좌측 방향으로 60mm, 140mm 지점에 두 점을 찍는다.
  ㈑ 등분된 아래 부분의 두 점에도 300mm자를 수평하게 유지하면서 300mm자의 0mm 부분을 우측 선에 일치시킨 후, 좌측 방향으로 60mm, 140mm 지점에 두 점을 찍는다.
③ 찍혀진 8개의 점을 대각선 방향으로 선긋기하고 제3형 도형 형태로 선긋기한다.

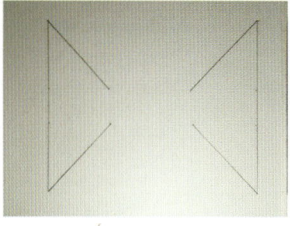
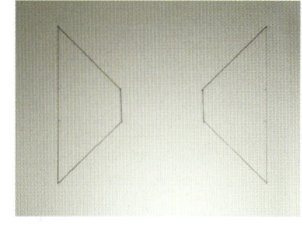

④ 좌우 150mm의 두 선을 위에서부터 0점 세팅하여 20mm, 40mm, 60mm, 90mm, 110mm, 130mm 부분에 점을 찍는다.
⑤ 제3형 도형을 완성한다.

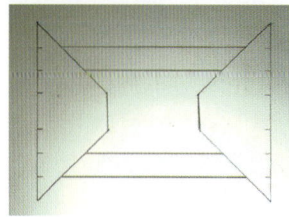
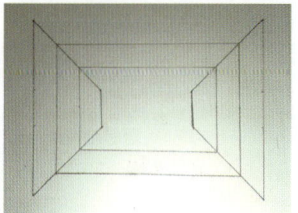

⑥ 완성된 제3형 도형에서 도색할 부분을 빗금으로 표시한 후, 유성 에나멜페인트 작업을 수행한다.

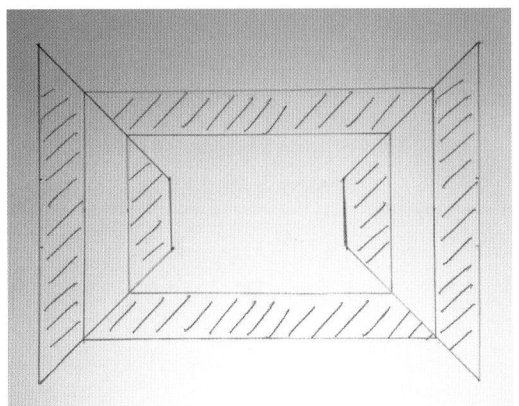
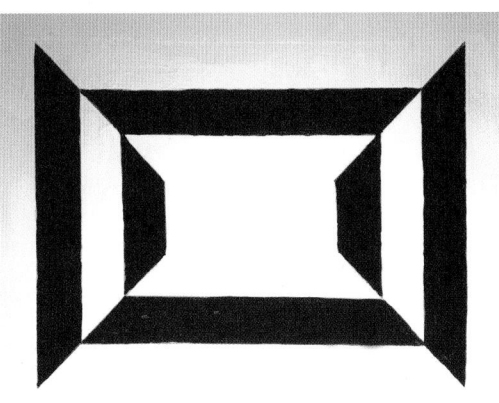

10 ▶ 【과제2】 각목 유성 래커도장 작업

1. 유성 래커 서페이서 작업

작업판의 전체 연마 작업과 퍼티 작업, 퍼티 연마 작업을 수행하면서 이미 모든 작업이 마무리된 상태로서 1, 2, 3, 4차 선긋기 작업까지 이미 모두 완료한 상태이다. 도면에서 볼 수 있듯이 각목 부분의 Ⓐ 연마 Ⓑ 퍼티 Ⓒ 퍼티 연마 Ⓓ 래커 서페이서 Ⓔ 유성 래커도장 2회로 과제가 진행되어야 한다. 이미 합성수지 에멀션(수성)페인트 작업이 수행되는 과정 중에 Ⓐ 연마 Ⓑ 퍼티 Ⓒ 퍼티 연마 작업은 마무리되어 있으므로 Ⓓ 래커 서페이서 Ⓔ 유성 래커도장 2회 작업만 수행하면 과제가 완성된다.

1 빈 컵에 래커 서페이서를 1/3 정도 준비한다.

2 래커 전용 1인치 평붓을 사용하여 각목의 Ⓓ와 Ⓔ부분에 래커 서페이서를 칠한다. 이때 Ⓒ와 Ⓓ 경계 부분에 래커 서페이서를 먼저 칠해서 Ⓒ부분에는 절대로 래커 서페이서가 칠해지지 않도록 주의해서 칠해야 한다. Ⓒ부분에 붓이 닿는 순간 오작처리가 되니 이점 유의해야 한다.

3 래커 서페이서 작업은 1회 수행하도록 한다.

4 래커 서페이서 칠 작업 마무리 후, 완전 건조한 상태에서 반드시 유성 래커페인트 작업을 실시한다(건조 시 자연 건조하는 것이 좋겠으나 시간 절약 차원에서 헤어드라이기를 활용한다).

5 각목 부분과 합판 부분 경계선 부분의 서페이서 칠 작업에 신중을 기해서 작업한다.

6 작업판을 90°씩 회전시켜 바닥에 세워 놓고 각목 부분에 대한 서페이서 작업을 수행하도록 한다. 이때 Ⓒ와 Ⓓ 부분의 경계선을 철저히 확인해보면서 도색 작업을 수행하도록 한다. 회전하면서 작업하기 때문에 아차 실수하면 Ⓒ 부분에 서페이서 칠을 함으로써 오작처리되는 일이 종종 있으니 주의해야 한다.

7 래커 서페이서 도장 작업 후, 완전 건조되었을 경우 조색해 놓은 유성 래커페인트를 래커 전용 평붓을 사용하여 붓칠 작업을 1회 시행한다.

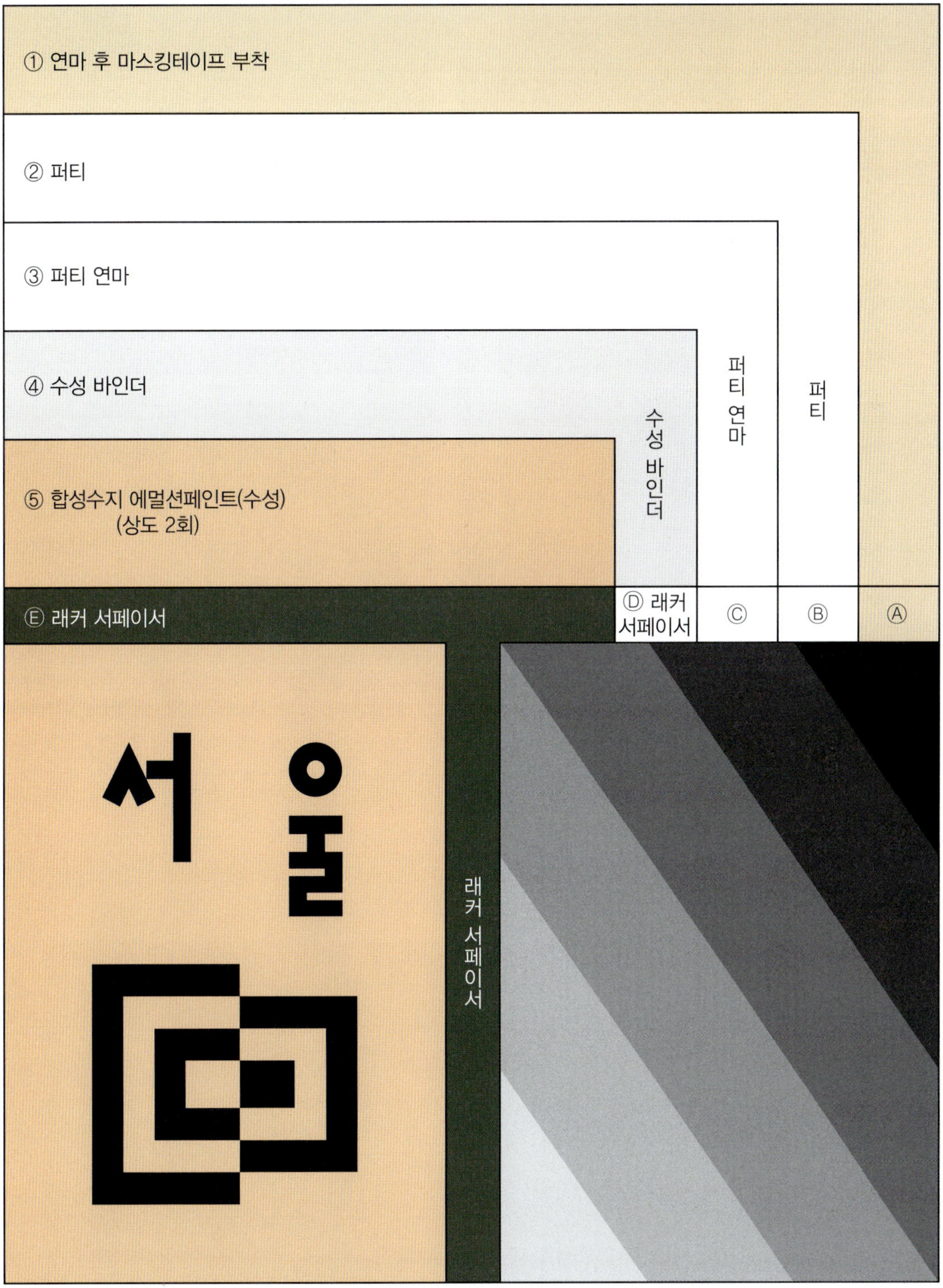

Chapter 3. 건축도장기능사 실기 실습

① 연마 후 마스킹테이프 부착

② 퍼티

③ 퍼티 연마

④ 수성 바인더

⑤ 합성수지 에멀션페인트(수성) (상도 2회)

Ⓔ 래커 서페이서

Ⓓ 래커 서페이서

Ⓒ

Ⓑ

Ⓐ

수성 바인더

퍼티 연마

퍼티

래커 서페이서

2. 유성 래커페인트 작업

> **참고** 래커페인트 도색 작업 시 주의할 점
>
> ① 래커페인트 작업 시작 전 제일 먼저 행해야 할 것은 각목 부분의 Ⓓ와 Ⓔ 경계선 부분에 조색된 래커페인트를 붓의 2/3 정도 찍어 선을 그어 만약의 경우에 발생할 수 있는 Ⓓ 부분으로의 페인트 도색 작업을 차단하도록 한다.

래커페인트 Ⓓ, Ⓔ 경계선 작업

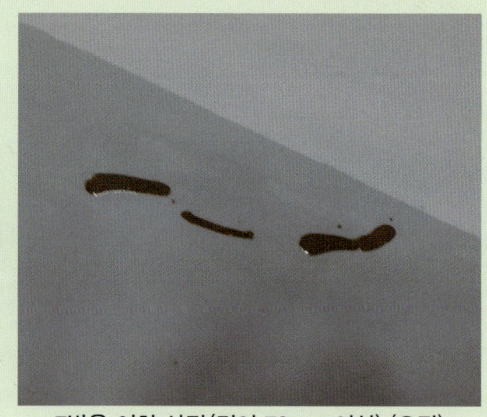
7방울 이하 사진(길이 70mm 이상) (오작)

7방울 이하 사진 (오작 아님)　　　　　　　　7방울 이상 사진 (오작)

② 래커페인트를 전용 시너를 사용하여 적당한 점도로 먼저 희석해 놓는다. 너무 묽으면 작업판에 페인트 방울이 떨어질 수 있기 때문에 주의를 하여야 한다. (시험 유의사항에 보면 작업판에 페인트 자국이 7개 이상일 경우 오작처리되며, 7군데가 되지 않더라도 페인트 자국의 합계 길이가 70mm 이상일 경우 오작처리가 되니 주의해야 한다).
③ 래커페인트 도색 작업 시 대부분 작업판을 세워놓고 작업을 진행하는 것이 보통인데 이 경우 작업판으로 페인트 방울을 떨어뜨리는 경우가 다반사이므로 이를 방지하기 위해 왼손으로 작업판 상단부를 잡아 앞으로 기울여 경사지게 해 놓고 페인트 작업을 진행하며, 만약에 페인트 방울이 떨어지더라도 바닥에 떨어질 수 있도록 기울여서 도색 작업을 수행하도록 한다.
④ 각목과 합판 경계선 상에 정확히 붓을 접촉하여 합판 부분에 래커페인트가 칠해지지 않도록 주의하면서 작업을 수행한다.

⑤ 붓칠 작업 시 붓자국이 생기지 않도록 마무리 작업에 신경을 써야 한다(페인트의 덧칠 작업도 금해야 한다).
⑥ 페인트 작업 결함에도 신경을 써서 도색 작업을 수행하도록 한다.

각목 유성 래커페인트 작업

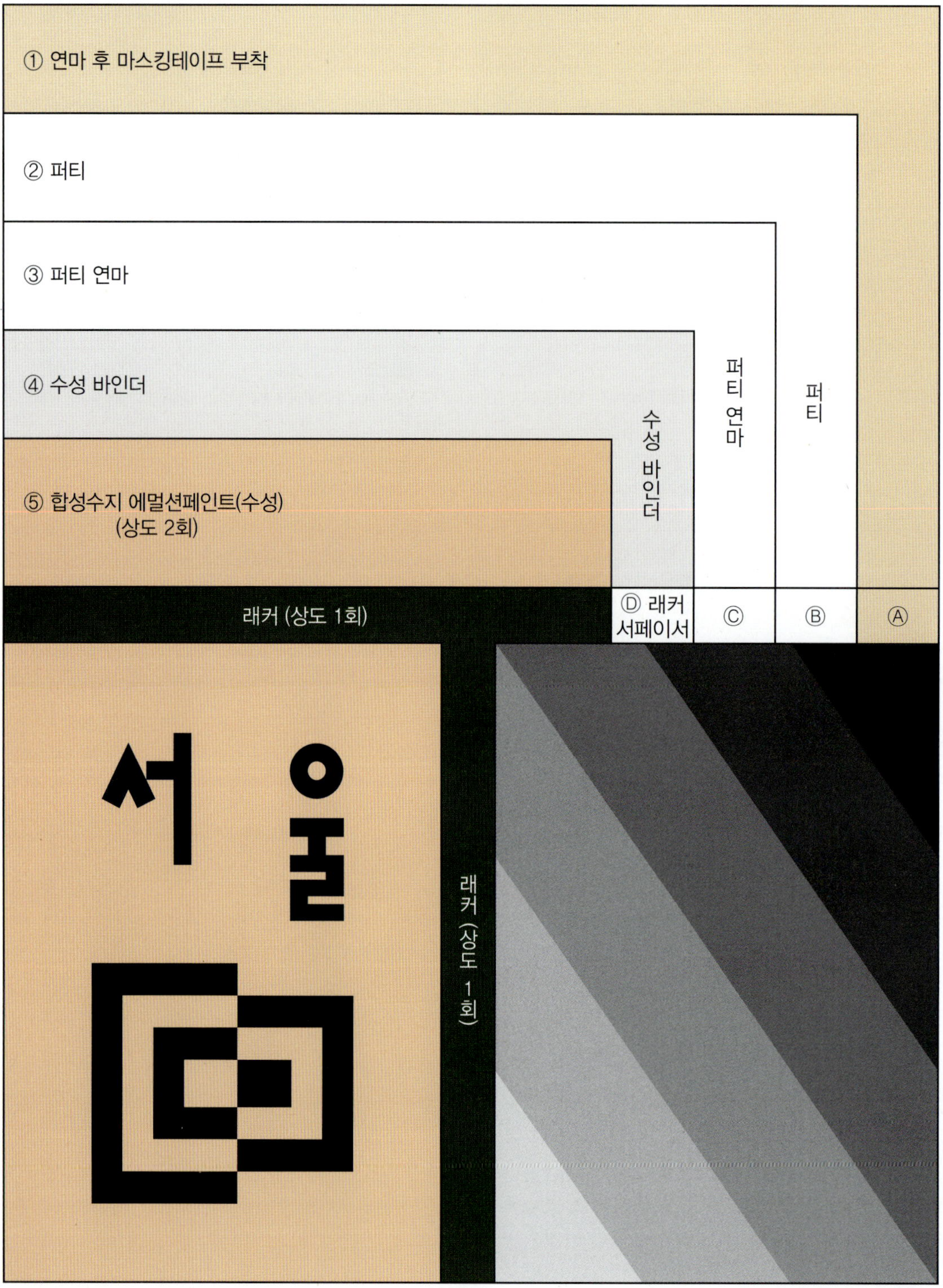

① 연마 후 마스킹테이프 부착

② 퍼티

③ 퍼티 연마

④ 수성 바인더

⑤ 합성수지 에멀션페인트(수성) (상도 2회)

| Ⓐ | Ⓑ 퍼티 | Ⓒ 퍼티 연마 | Ⓓ 래커 서페이서 |

래커 (상도 1회)

래커 (상도 1회)

서울

8️⃣ 래커페인트 1차 상도 작업 완료 후 완전히 건조시킨 다음, #320 샌드페이퍼를 사용하여 연마 작업을 수행한다.

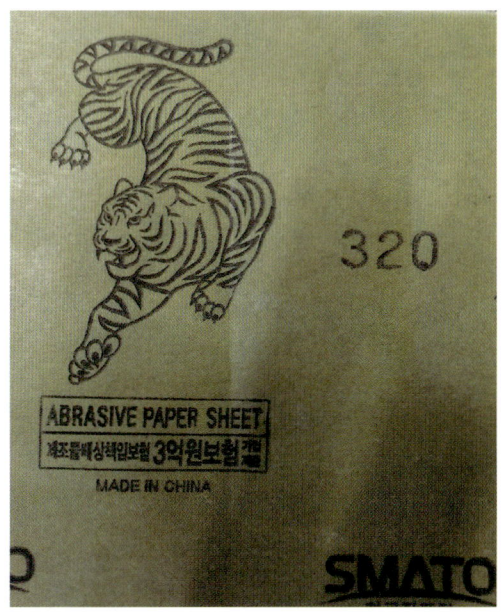

#320 샌드페이퍼

래커 상도 1차 후 연마 작업

9️⃣ 연마 작업 완료 후 유성 래커페인트 2차 상도 작업을 수행한다. 2차 상도 작업 시에도 1차 작업 때 주의해야 할 부분을 다시 한 번 상기하면서 실수하지 않도록 주의하면서 도색 작업을 수행한다.

🔟 상도 붓 작업 중 실수해서 페인트 방울을 떨어뜨렸거나 페인트 자국이 생겼을 경우 7개 이하이고, 합계 70mm가 되지 않을 경우에는 오작이 아니니 그대로 두는 것이 좋다. 페인트 자국을 없애기 위해 수정 작업을 하게 되는 경우 오작처리가 될 수 있으니 주의해야 한다.

1️⃣1️⃣ 모든 과제 작업이 마무리되면 마스킹테이프를 제거하여 시험과제를 제출하도록 한다.

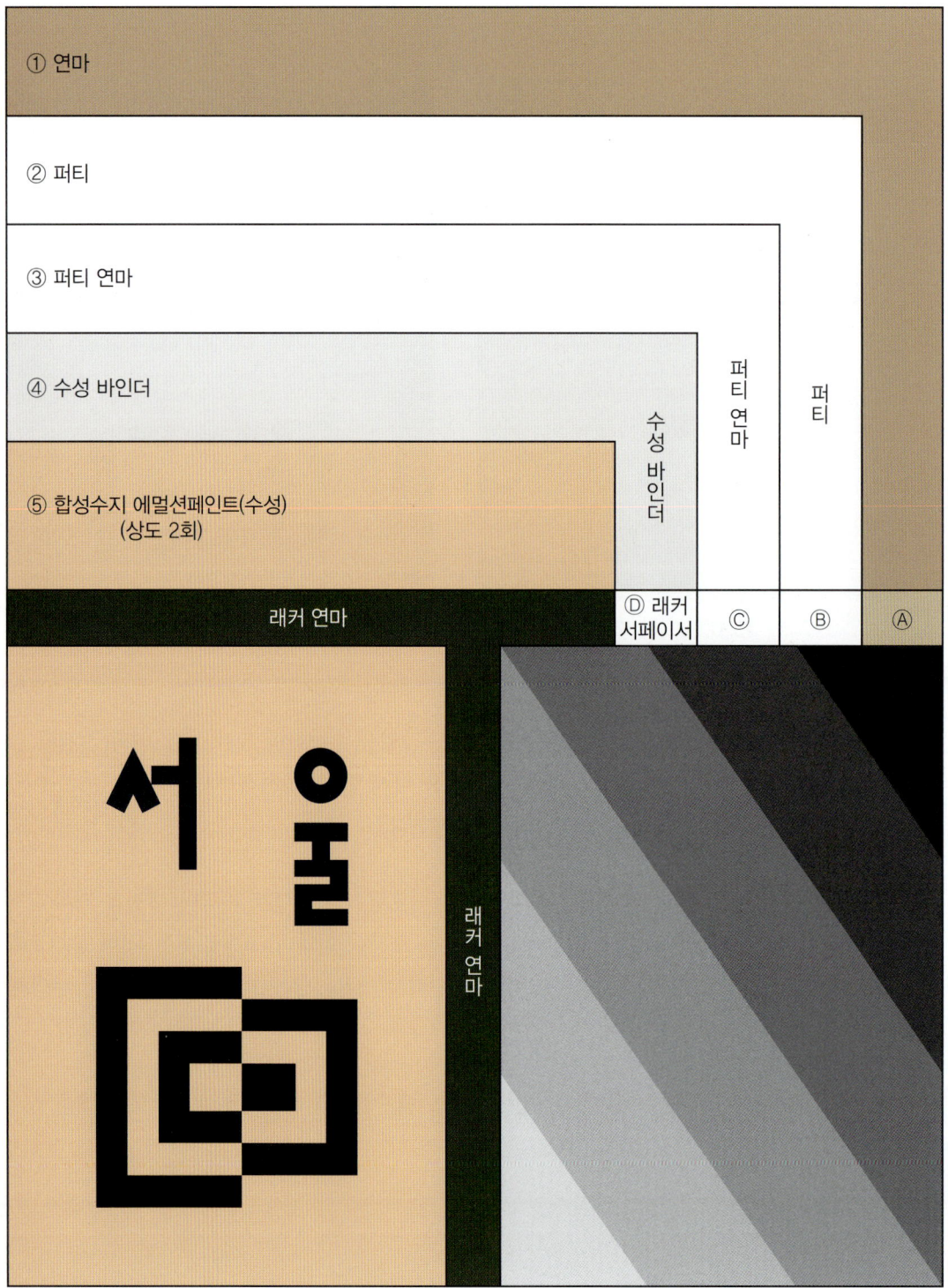

완성된 과제 모습

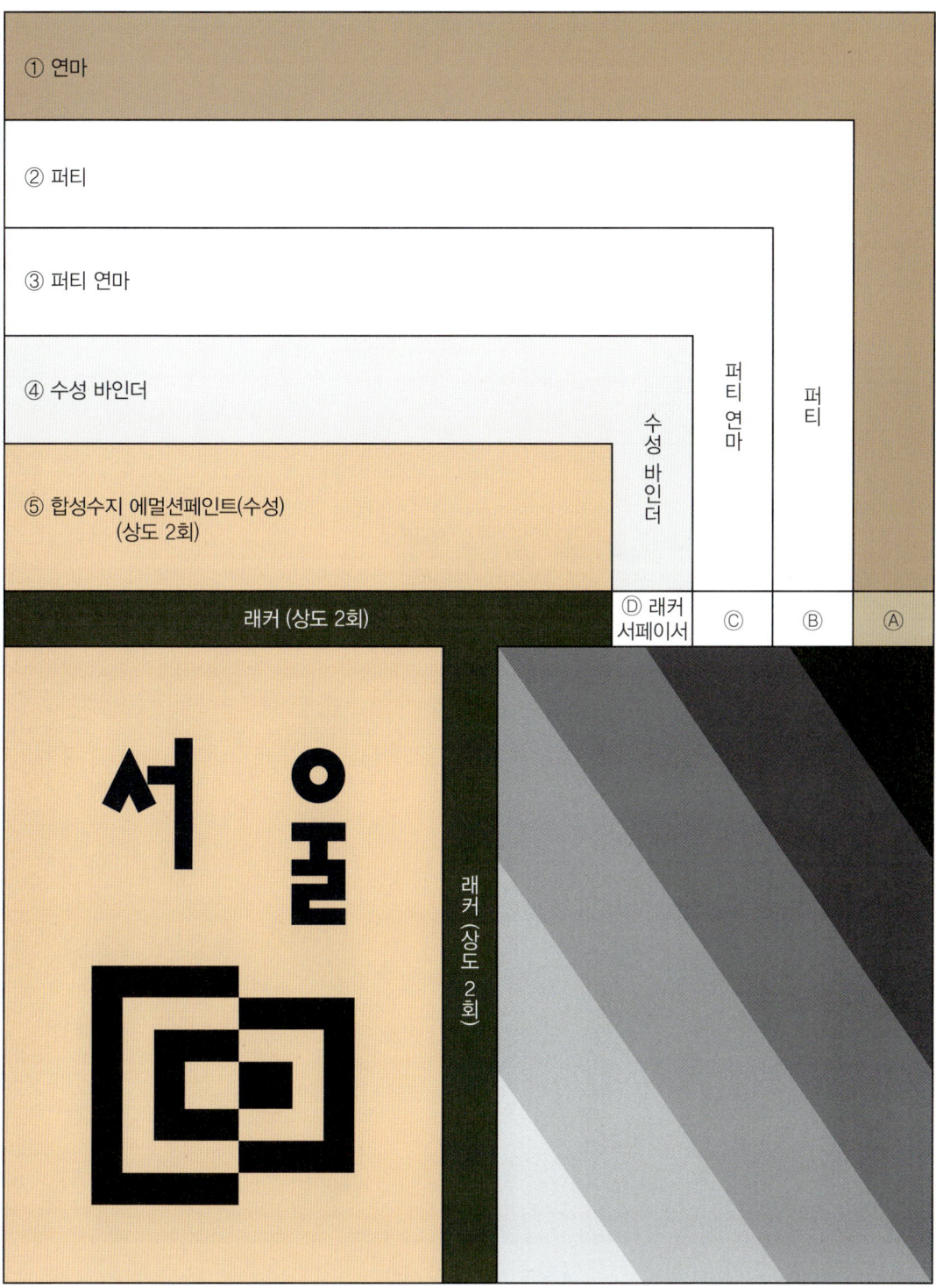

최종 완성된 과제 사진 1

최종 완성된 과제 사진 2

최종 완성된 과제 사진 3

최종 완성된 과제 사진 4

부록

1. 먼셀의 20색상환 실습지
2. 문자도안 연습지

1. 먼셀의 20색상환 실습지

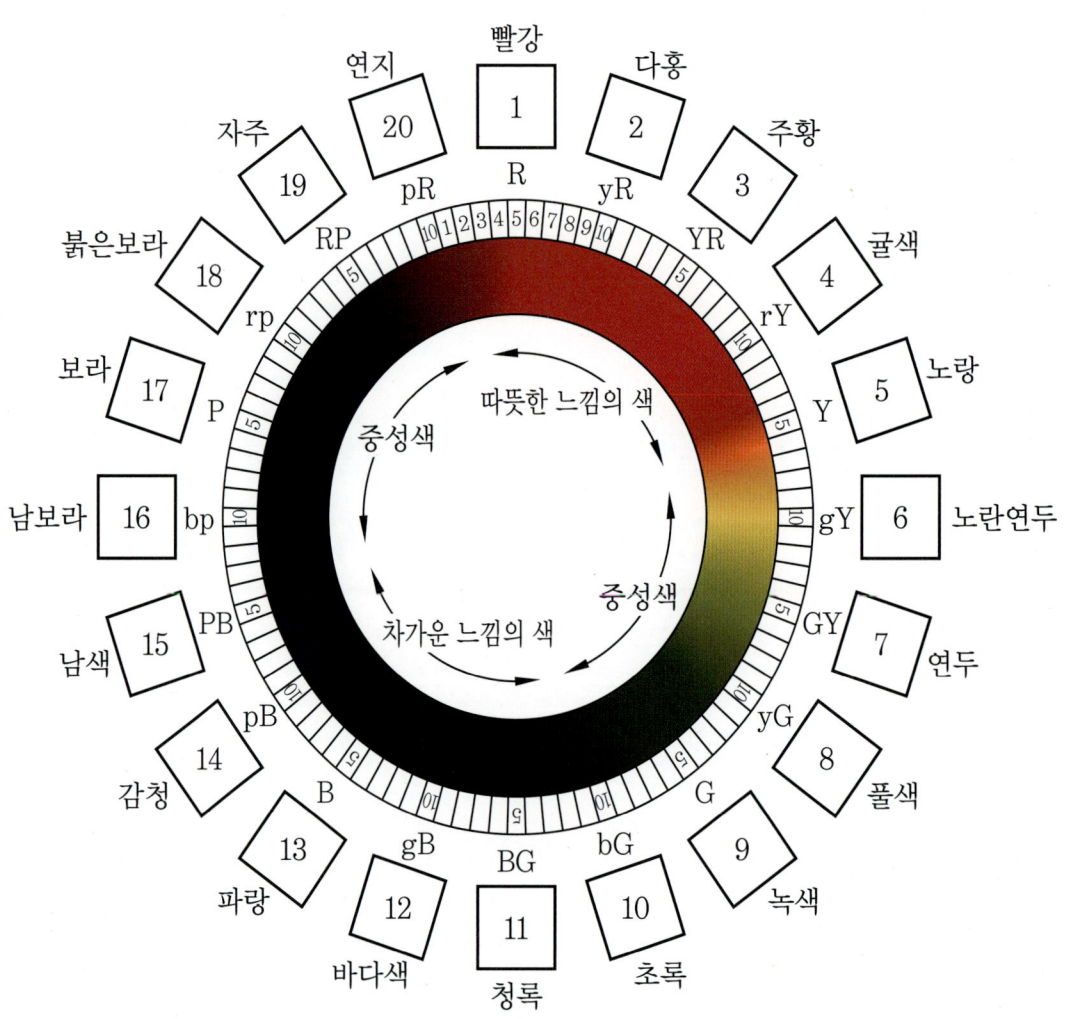

먼셀의 20색상환 실습지 시트 1

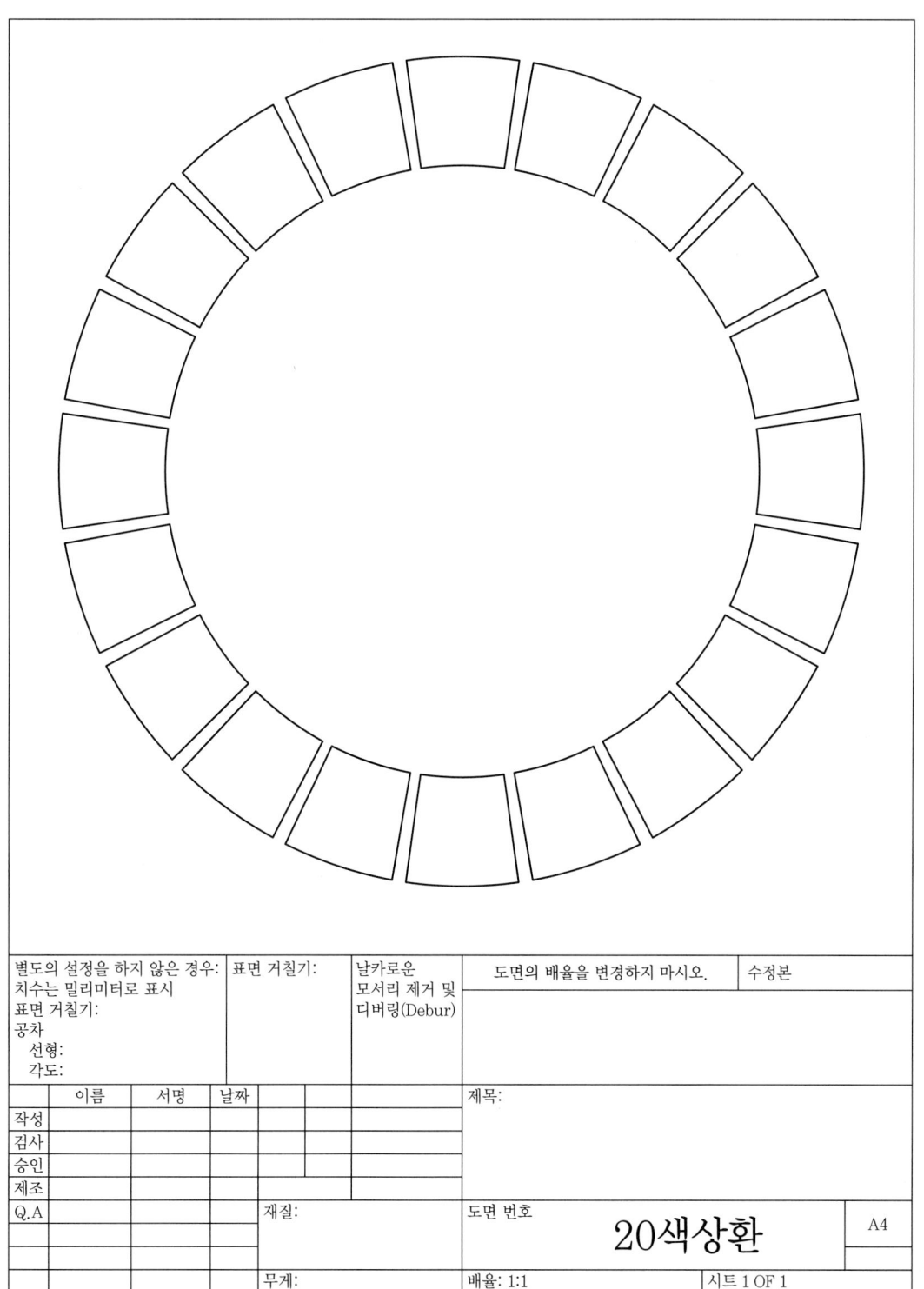

2. 문자도안 연습지

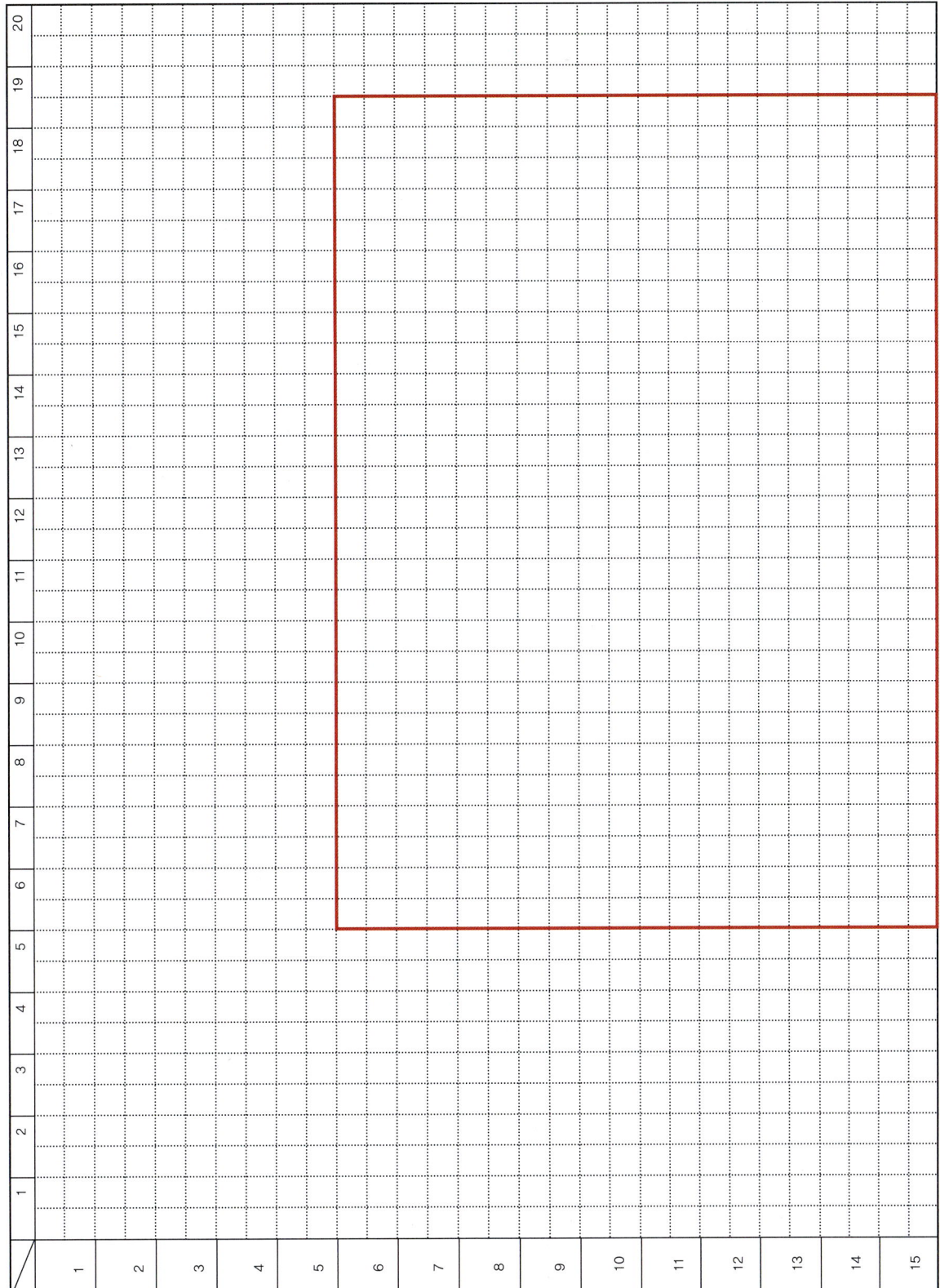

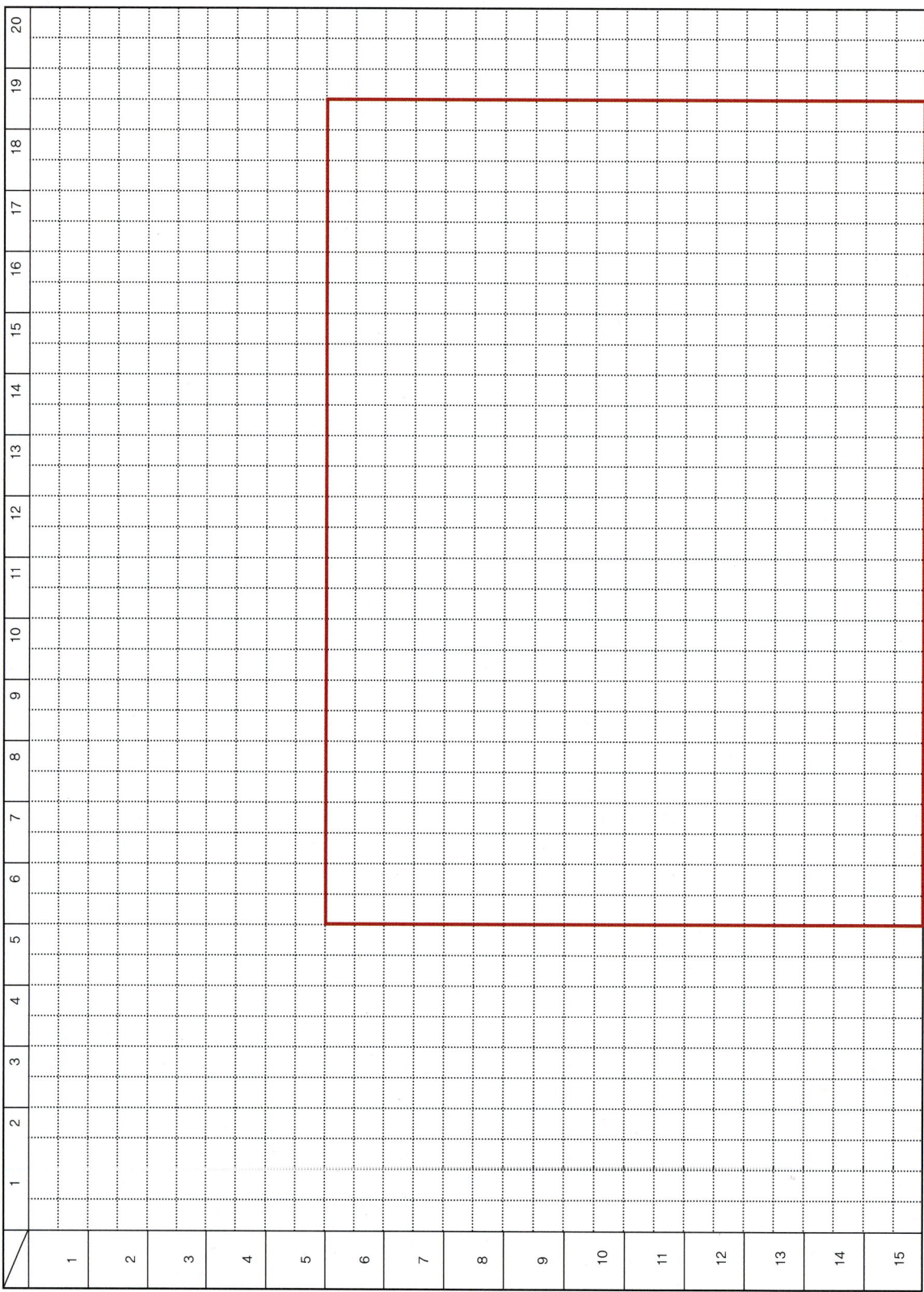

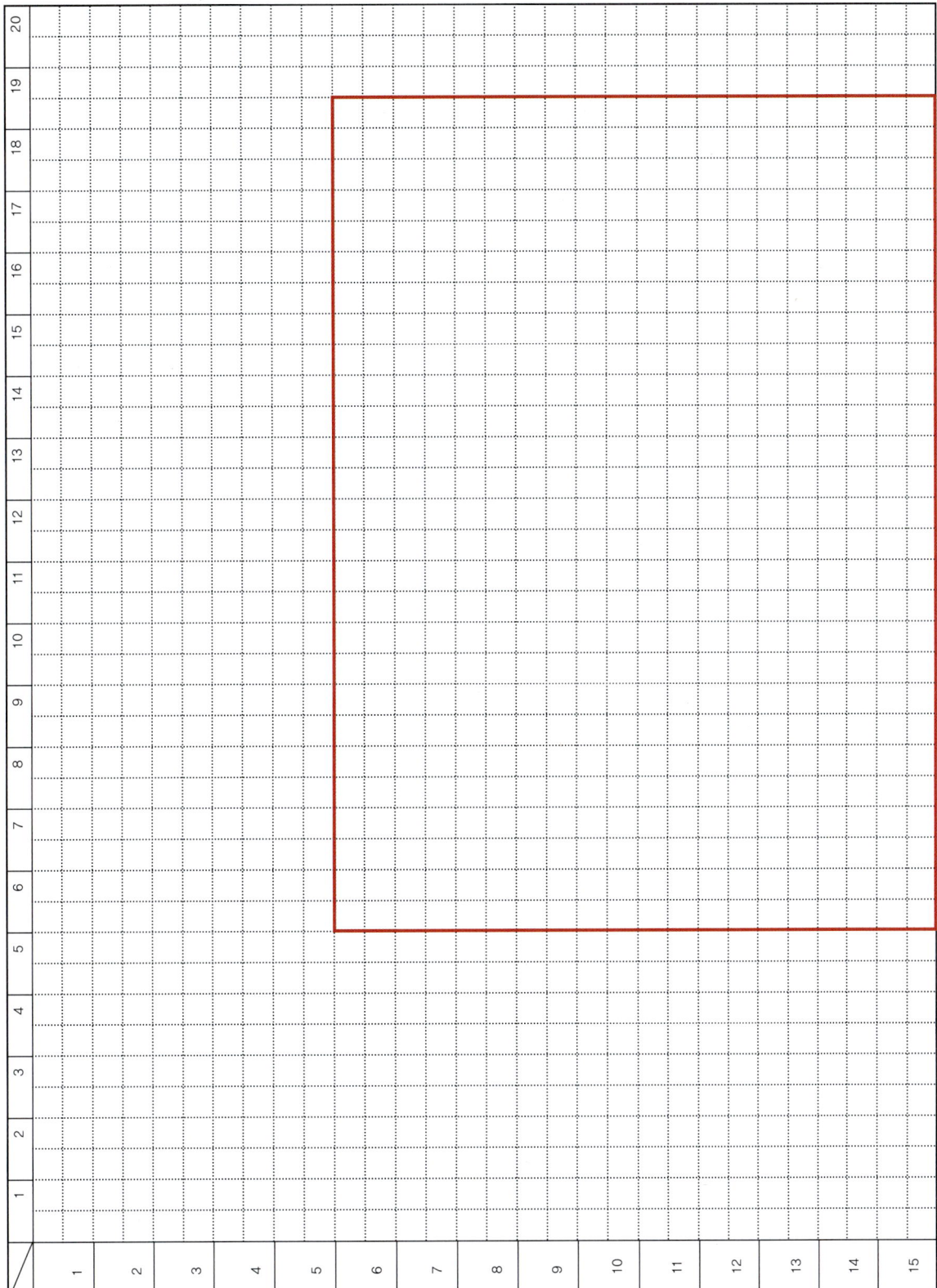

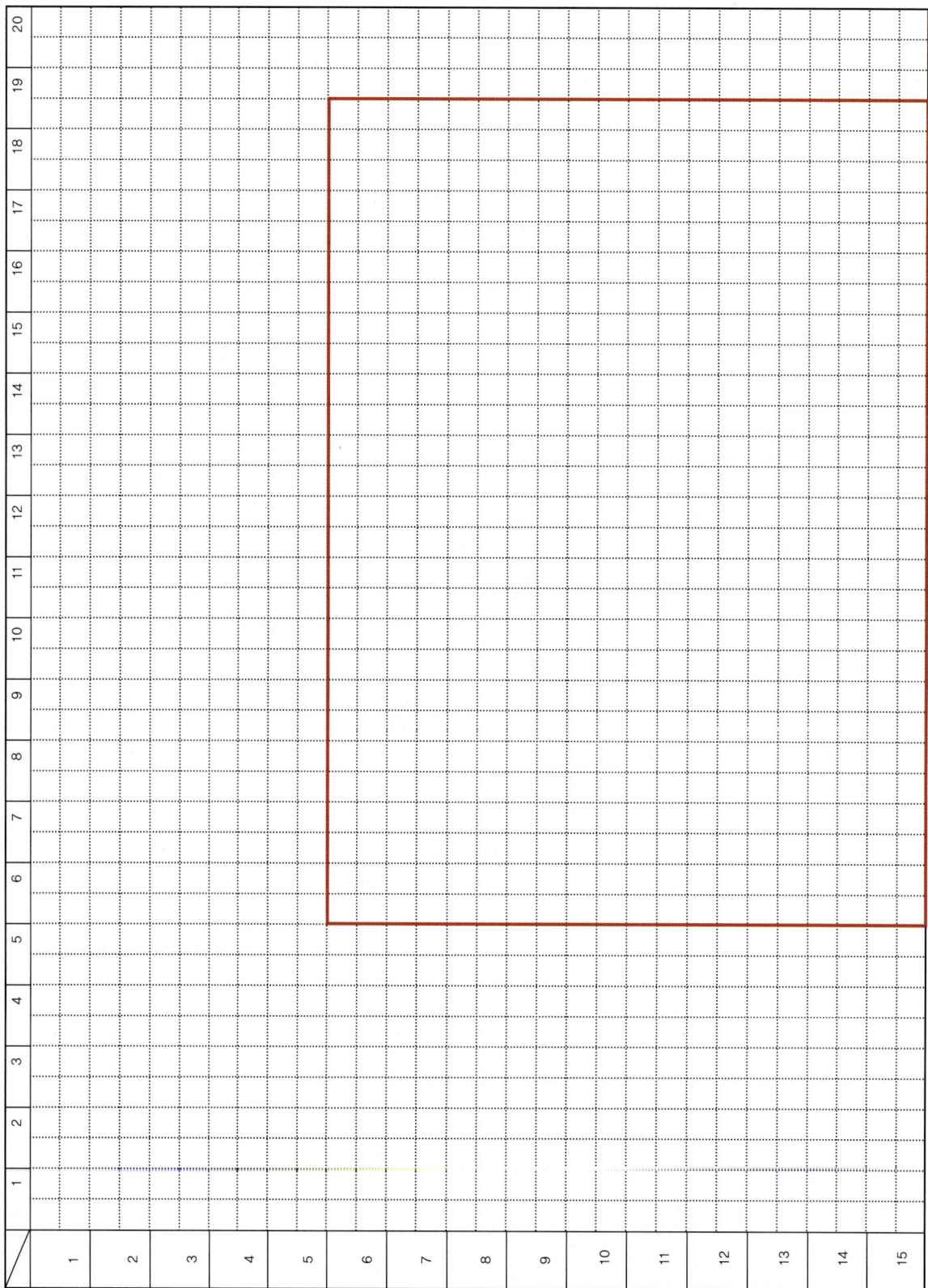

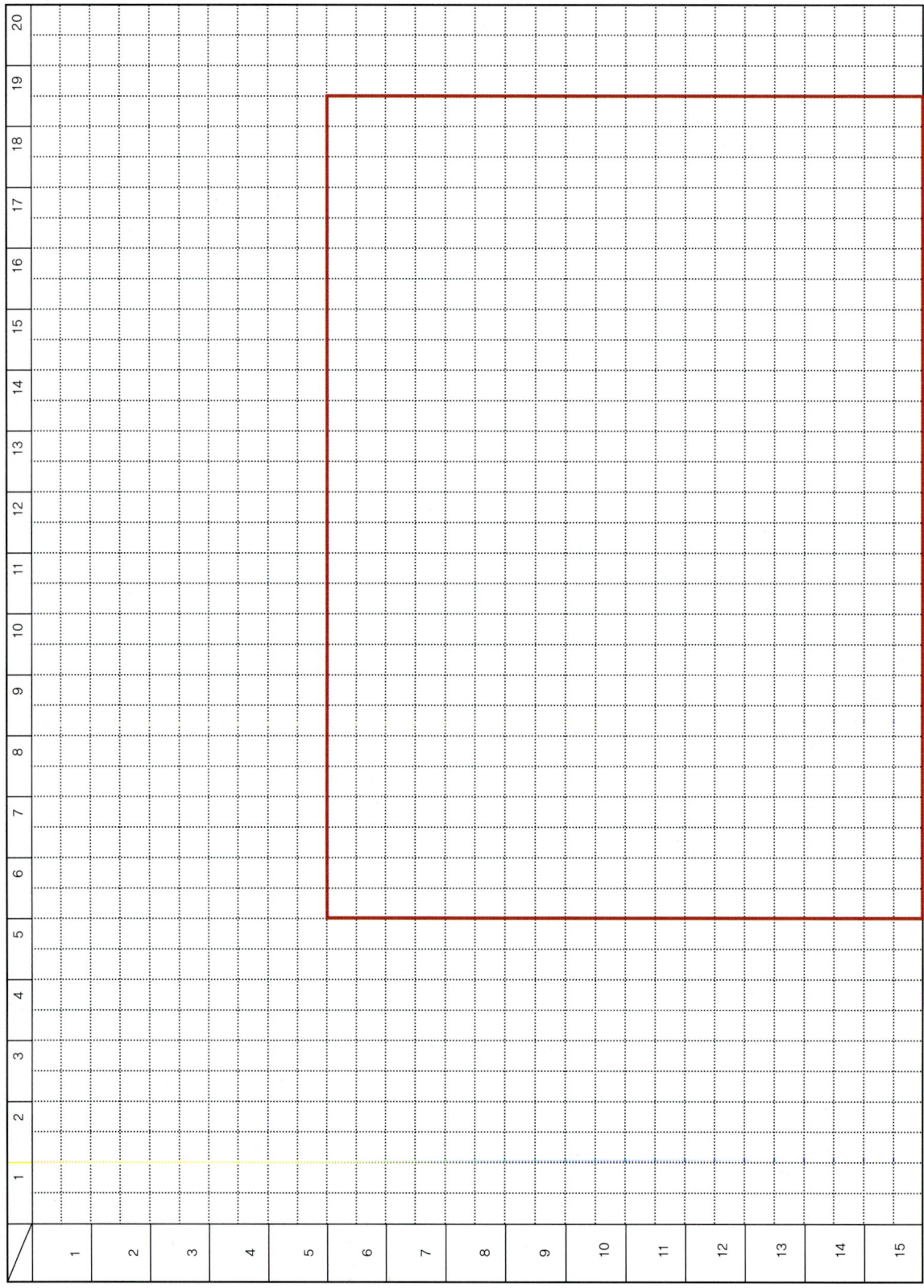

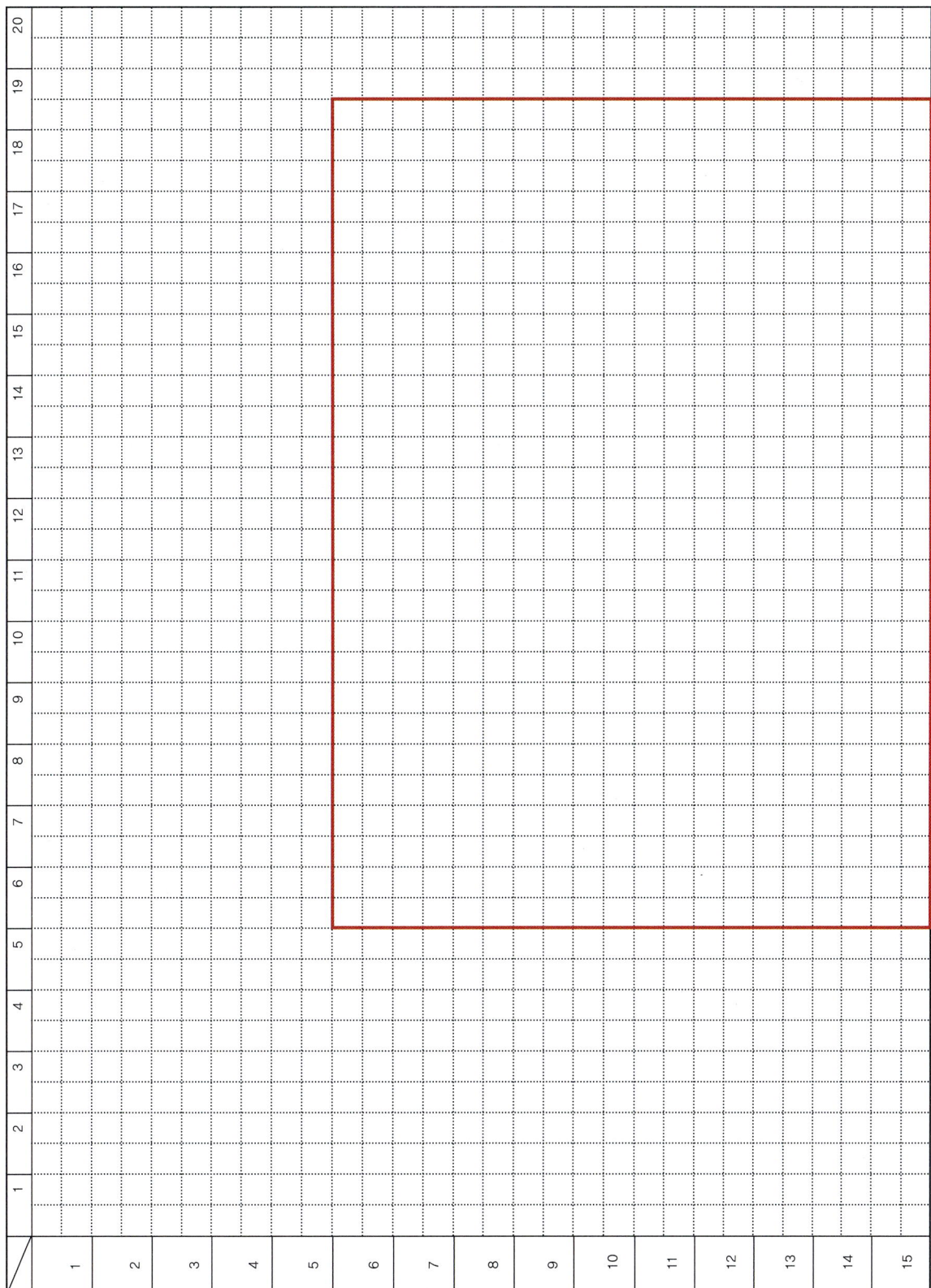

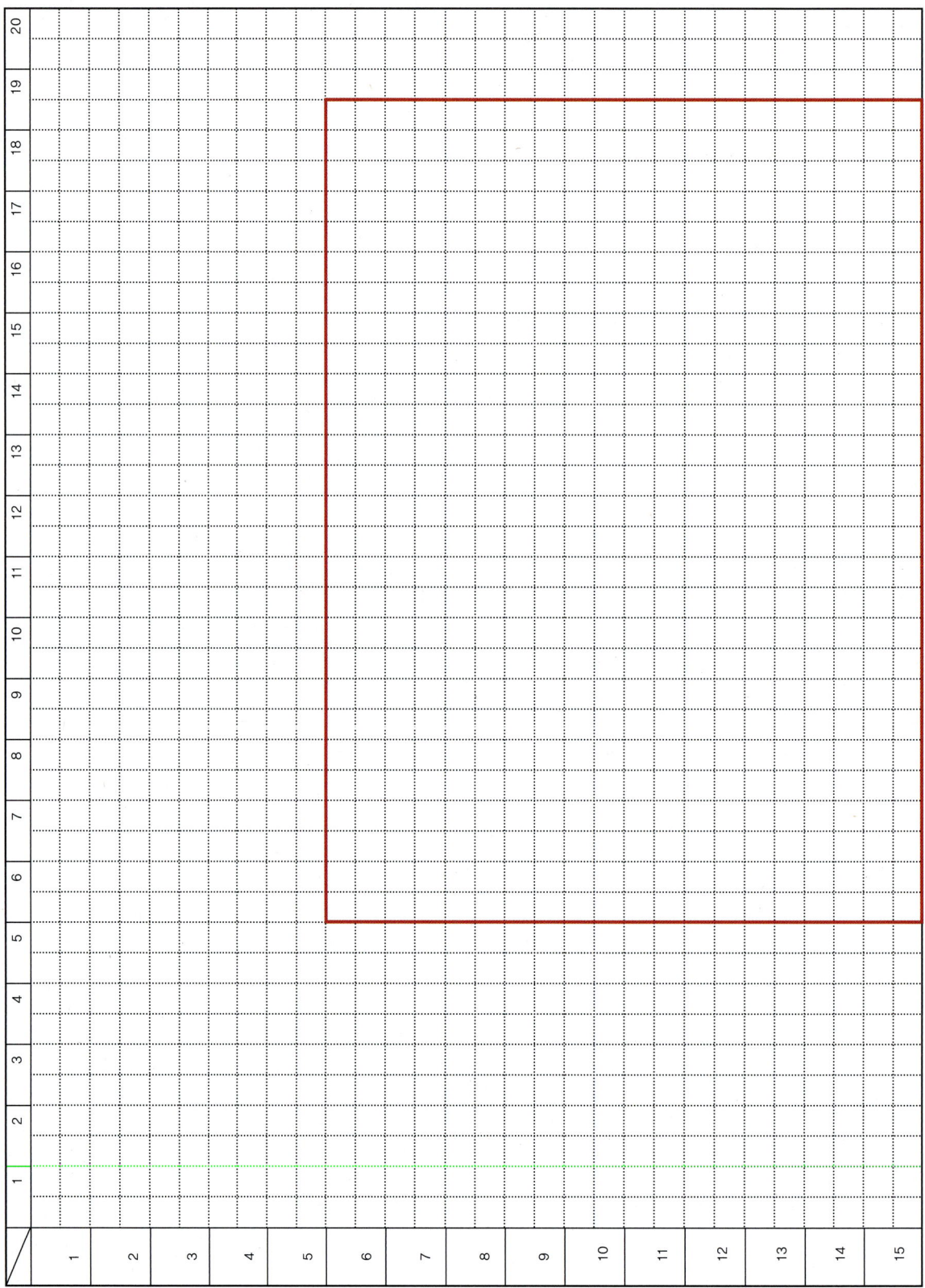

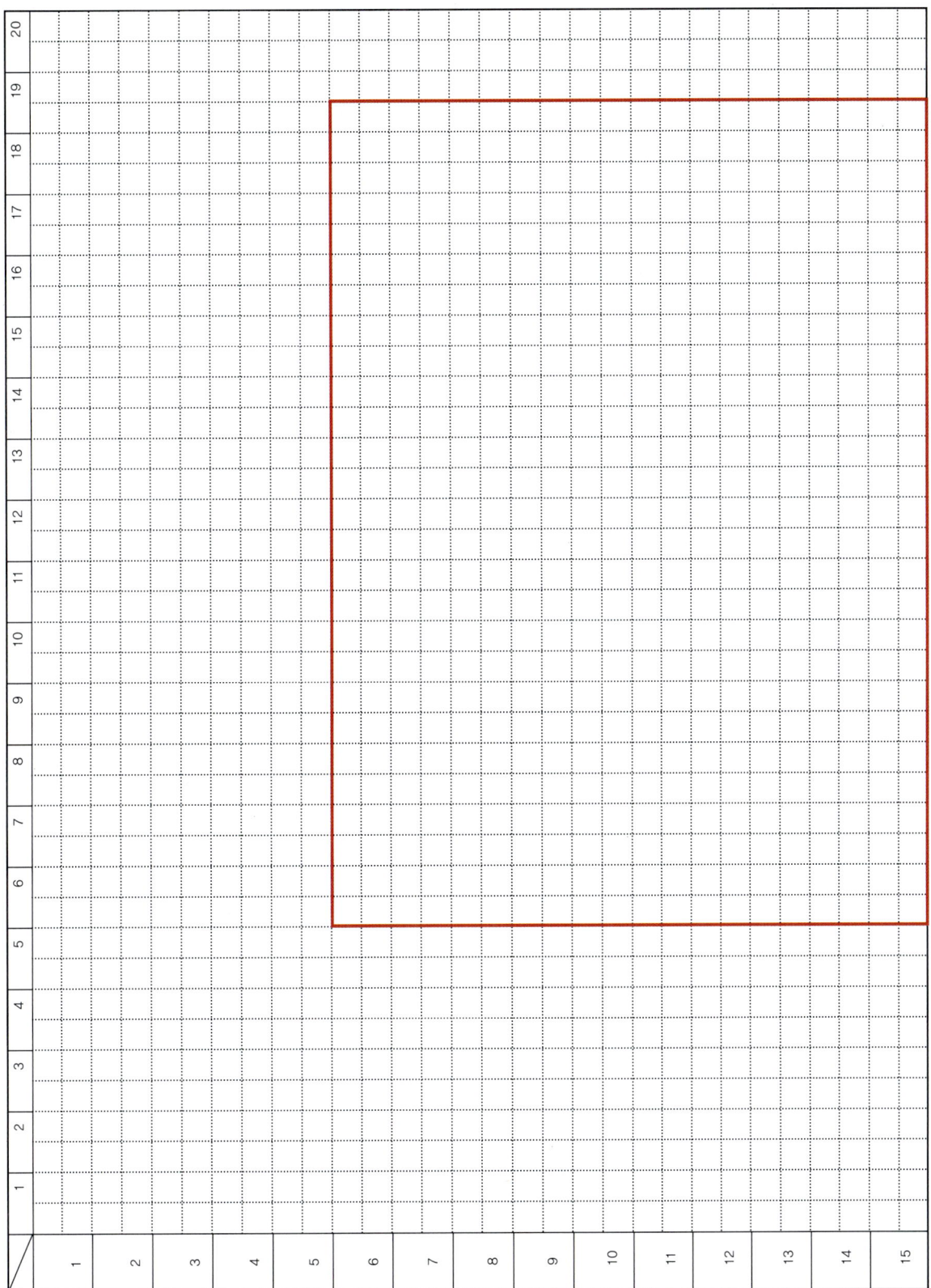

건축도장기능사 실기

2019년 1월 10일 1판 1쇄
2023년 1월 10일 4판 1쇄
2026년 1월 10일 5판 1쇄

저자 : 성기돈
펴낸이 : 이정일

펴낸곳 : 도서출판 **일진사**
www.iljinsa.com

(우)04317 서울시 용산구 효창원로 64길 6
대표전화 : 704-1616, 팩스 : 715-3536
등록번호 : 제1979-000009호(1979.4.2)

값 **18,000원**

ISBN : 978-89-429-2038-9

* 이 책에 실린 글이나 사진은 문서에 의한 출판사의
동의 없이 무단 전재·복제를 금합니다.